江西省古代水利工程价值剖析及保护策略

王姣　刘颖　胡强　钟燮　著

JIANGXISHENG GUDAI SHUILI GONGCHENG JIAZHI POUXI JI BAOHU CELUE

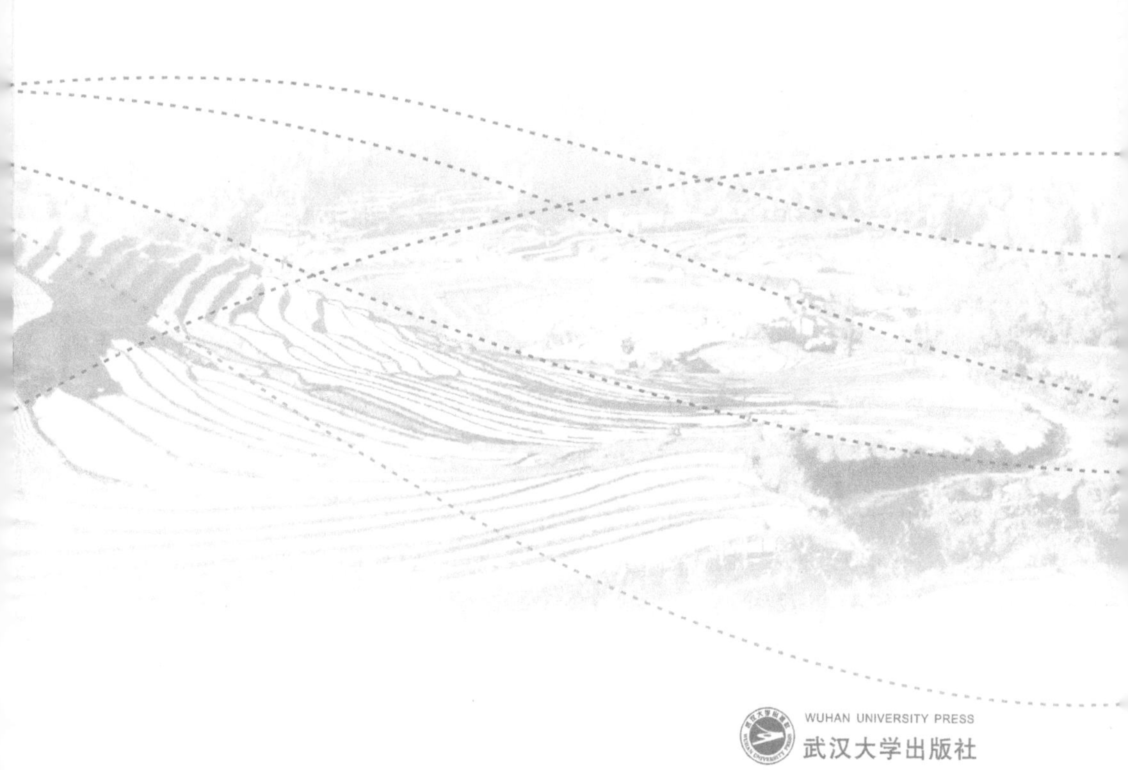

WUHAN UNIVERSITY PRESS
武汉大学出版社

图书在版编目(CIP)数据

江西省古代水利工程价值剖析及保护策略/王姣等著．—武汉：武汉大学出版社，2020.12

ISBN 978-7-307-21725-6

Ⅰ.江…　Ⅱ.王…　Ⅲ.水利工程—研究—江西—古代　Ⅳ.TV

中国版本图书馆 CIP 数据核字(2020)第 153279 号

责任编辑:黄　殊　　责任校对:李孟潇　　版式设计:韩闻锦

出版发行：**武汉大学出版社**　(430072　武昌　珞珈山)

(电子邮箱：cbs22@ whu.edu.cn　网址：www.wdp. com.cn)

印刷：广东虎彩云印刷有限公司

开本:720×1000　1/16　印张:14.75　字数:187 千字

版次:2020 年 12 月第 1 版　2020 年 12 月第 1 次印刷

ISBN 978-7-307-21725-6　定价:58. 00 元

前言

“善治国者必先治水”，我国有着开发利用水资源的悠久历史。在漫长的历史时期，历代各朝都将兴水利、除水害作为头等国事，兴建了各类水利工程。这些古代水利工程全面、完整地展现了不同时期、不同区域的水利建设状况及其与政治、经济、社会、文化、环境等方面的关系，揭示了不同时期、不同区域的水利工程建设理念和科技价值，承载了丰富的历史文化和生产生活信息，具有历史性、科学性和艺术性。其绵延不断的建筑史、不断完善的配套设施，以及与之相关的石刻碑文和神话传说都具有深厚的历史文化价值，是中国传统文化的重要组成部分。

江西省位于长江中下游南岸，境内不仅有赣、抚、信、饶、修五大河系，而且鄱阳湖水道密布，有大小河流 2400 余条。河湖水系发挥其水产灌溉之利，航运交通之便，调蓄洪水之益，养育了一代又一代江西先民，滋养了璀璨的文化。江西的农业是基础，水利是命脉。古代江西水利工程不仅印证了中国古代水利的发展历程，也反映了当时朝代的经济、文化教育乃至整个社会的繁荣程度，对当代的水利建设具有极大的历史借鉴意义。尤其是其中的一些古代水利工程历经了多个朝代，经过一代一代江西先民的不断维护、加固、改建和完善，沿用至今，惠泽当下。这些至今仍在使用的古代水利工程都是和地方的自然环境相适应的、独特的、因地制宜的，提供的效益也是生态的，体现了古人伟大的智慧，对于我们今天研究古代水利与古代文化是很好的教科书。江西省水行政主管部门高度重视古代水利工程的保护，并组织开展了一系列的前期研究工作。2014 年 11 月、2016 年 3 月、2017 年 5 月，《泰和县古代水利工程槎滩陂对现代生态水利建设的启示》（编号 KFJJ201405）、《江西省民国以前水利工程资料整理及挖掘》（编号 ZXKT201509）、《上堡梯田原生态自流灌溉系统研究》（编号 ZXKT201703）分别获水利部鄱阳湖水资源水生态环境研究中心开放基金项目立项。2016 年 12 月，《江西省古代在用水利工程的保护策略研究》（编号 2016-007）由江西省水利厅立项。

本书在以上课题研究成果的基础上，通过查阅大量的古文献，结合实地调研，重点对江西省水利发展历史及历代治水方略进行梳理，摸清了全省古代水利工程的分布规律及空间特征，并选取典型的在用古代水利工程进行价值剖析，深度挖掘其所蕴含的历史、科技、文化等方面的价值，然后结合江西省古代水利工程的保护现状及存在的主要问题，从多方面探索适宜江西省古代水利工程的保护策略，以期能推动这些古代水利工程获得更好的保护，继续弘扬和发挥它们的价值。本书共分为 9 个章节：第一章介绍研究背景与意义、国内外研究现状和本书的主要研究内容；第二章梳理了民国以前江西省水利发展史，并阐述了各历史时期的治水理念与方略，在此基础上总结了由历代治水思路与措施而得到的经验启示；第三章通过查阅古文献，详细梳理了江西省各设区市的古代水利工程的类型和数量，并在此基础上总结出江西省民国以前古代水利工程的分布规律和空间特征；第四章阐述了国外古代水利遗产保护理论的研究进展和实践，总结了我国典型的在用古代水利工程的保护理念和实际做法；第五章通过调研分析，找到了江西省目前针对在用古代水利工程的保护所采用的方式、方法以及省内在用古代水利工程中存在的主要问题；第六章针对存在的主要问题，提出了适宜江西省在用古代水利工程的保护目标、保护原则及保护策略；第七章、第八章分别以江西泰和县槎滩陂和崇义县上堡梯田两个典型在用古代水利工程为例，详细阐述了工程的历史沿革及演变过程、工程的现状及存在的主要问题等，在此基础上对其进行价值剖析，并总结省内对其采用的保护策略；第九章总结本书主要的研究内容和结论、主要创新点、近年来的研究进展和展望。

本书在作者所主持研究课题成果的基础上整理编写而成。在项目研究过程中，得到了江西省水利科学研究院的技术指导及彭圣军、虞慧、熊威等同事的帮助，在此特向支持和关心的所有单位和个人表示衷心的感谢。在本书编著过程中，参阅了大量有关水利史水文化研究的文献资料，部分内容已在参考文献中列出，但难免仍有遗漏，在此一并向参考文献中的各位作者致谢。

由于时间紧迫、作者水平有限，书中内容难免存在一些错漏，不当之处敬请批评指正。

作 者

2019 年 10 月

目　录

第一章 绪论

第一节 研究的背景与意义

古代人类文明的发展与农业的发达程度密切相关，而发达的农业又离不开先进的水利灌溉工程。古代尼罗河流域、西亚的美索不达米亚平原以及中美洲的秘鲁，无一不是伴随着文明的发生、阶级社会和国家的发展而产生了人工灌溉工程①。中国既是古代人类文明的发源地之一，也是率先发展人工水利灌溉农业的国家之一。在中国几千年的历史进程中，历代各朝都将兴水利、除水害作为头等国事，兴建了各类水利工程，留下了大量具有重要科学价值的水利遗产，如四川省都江堰、福建省木兰陂、陕西省

① 邓俊，王英华．古代水利工程与水利遗产现状调查［J］．中国文化遗产，2011，6：21-28.

郑国渠、安徽省安丰塘、广西壮族自治区灵渠以及世界上开凿最早、规模最大的京杭大运河等。古代水利工程全面、完整地展现了不同时期、不同区域水利建设的状况及其与政治、经济、社会和文化等方面的联系，体现了不同时期、不同区域自然环境的状况，揭示了不同时期、不同区域的水利工程建设理念和工程价值①②。可以说，古代水利工程除具有防洪、灌溉等功能之外，细细品味、追根溯源后，更可以书写成一部波澜壮阔的水利史，展现了一系列丰富多彩的水利文化，折射出古代劳动人民聪慧、创新而又遵循自然规律的伟大智慧。

近几十年来，随着经济社会的迅猛发展，现代化水利建设进程加快，加之社会各界乃至水利行业内普遍缺乏对古代水利工程历史、价值的认知，大量古代水利工程遭到损坏、废弃，或者被新建工程所取代。2009年，水利部规划计划司下发《关于在用古代水利工程与水利遗产保护规划任务书的批复》（水规计〔2009〕204号），委托中国水利水电科学研究院开展在用古代水利工程与水利遗产总体保护规划编制工作。2010年1月，水利部办公厅下发《关于开展在用古代水利工程与水利遗产调查工作的通知》（办规计〔2010〕11号），开始对全国范围内的在用古代水利工程与水利遗产进行初步调查。这是水利部门首次对在用古代水利工程与水利遗产进行系统调查。调查结果显示，现存古代水利工程数量众多，分布广泛，类型丰富，但保护与利用现状差距较大，管理权属也不明确。因此，开展对古代水利工程加强保护和合理利用的工作已刻不容缓。

江西省位于长江中下游交接处的南岸，境内不仅有赣江、抚河、信

---

① 王英华，谭徐明，李云鹏，等．古代在用水利工程与水利遗产保护与利用调研分析［J］．中国水利，2012（21）：5-7.

② 吴楠．古代水利工程蕴含深厚文化价值［N］．中国社会科学报，2016-09-07（002）.

江、饶河、修河五大河系，而且鄱阳湖水道密布，有大、小河流 2400 余条，总长约 18400 千米。河湖水系发挥其水产灌溉之利，航运交通之便，调蓄洪水之益，养育了一代又一代江西先民，滋养了璀璨的文化。农业是江西的基础，水利是农业的命脉。秦汉时期，江西便有修筑圩堤的记载，汉高祖六年（公元前 201 年），西汉名将灌婴领兵驻九江凿井，人称灌婴井，此为文献记载水利设施之始①②。唐、五代时期，江西的水利建设得到较大发展，江西有名的万亩以上灌溉工程，如述陂、博陂、梓陂、千金陂、李渠、槎滩陂等，均创建于此时期。宋元以后，江西水利事业得到进一步拓展，较大型的水利工程有龙泉县（今遂川县）的梅陂、南北二陂，乐安县的汪陂和安福县的寅陂，灌田均在万亩以上。明清时期，江西农田水利事业步入成熟期，无论工程规模，还是工程数量均大有增加。然而，由于古代水利工程规模一般较小，且工程位置较偏僻，公众对古代水利工程的认知度极低，更无从谈及对古代水利工程所蕴含价值的认知。因此，及时开展古代水利工程的调查研究和宣传保护是水利工作者义不容辞的职责，也是推进江西省水文化建设工作的重要步骤之一。本书重点对江西省水利发展历史及历代治水方略进行了梳理，摸清了全省古代水利工程的分布规律及空间特征，选取典型的在用古代水利工程进行价值剖析，深度挖掘其所蕴含的历史、科技、文化等方面的价值，并结合江西省古代水利工程的保护现状及存在的主要问题，从多个方面探索适宜江西省的古代水利工程保护策略，以期能推动这些古代水利工程获得更好的保护，继续弘扬和发挥它们的价值。

---

① 李放．江西古代水利史概略［J］．南方文物，1990（4）：39-43.

② 王根泉，魏佐国．江西古代农田水利刍议［J］．农业考古，1992，3：176-181.

第二节 国内外研究现状

一、有关古代水利发展及水利史的相关研究

对于古代水利发展及水历史的研究，国外相关研究内容较少，主要集中在古代埃及的水利灌溉领域。谢振玲①通过研究尼罗河水利发展，认为尼罗河流域水利灌溉的发展，催生了古代埃及文明；学者 K. W. ② 主要分析了古代埃及历史上各朝代灌溉、农业和各地人口的增长情况以及它们之间的关系；K. A. ③ 从多个方面阐述了古代埃及的灌溉产业发展历程；黄明辉④、李玉香⑤叙述了古代埃及在不同时期水利灌溉取得的显著成就，认为古埃及水利灌溉的发展在一定程度上促进了古埃及文明的产生与发展。

近年来，随着一批古代水利工程陆续列入“世界灌溉工程遗产”“世界文化遗产”“世界自然遗产”等世界遗产名录，国内越来越多的学者将研究方向转向了古代水利工程及其创建史、发展史。进入 21 世纪后，可持续发展理念逐渐渗入并更新着近百年的水资源价值观和水文化观，近 50 年来，围绕工程建设为主的水利科研将面临重要的转变或发展，探索其历史

① 谢振玲 . 论尼罗河对古代埃及经济的影响 [J]. 农业考古，2010（01）：107-110.

② Butzer K W. Early Hydraulic Civilization in Egypt：A Study in Cultural Ecology [J]. Prehistoric archeology and ecology（USA），1976.

③ Bard K A. Encyclopedia of the Archaeology of Ancient Egypt [M]. Routledge，2005.

④ 黄明辉 . 古代埃及农业水利灌溉探析 [J]. 史志学刊，2015（03）：23-26.

⑤ 李玉香 . 古代埃及的水利灌溉 [D]. 长春：吉林大学，2007.

对水利科学研究的发展方向大有帮助①。《中国水利发展史》一书从历史文献中梳理史料，叙述了我国从传说中大禹治水以来直至中华人民共和国成立前的水利事业发展概况②；《中国水利史》一书通过研究不同时期、不同地区的水利开发情况，展示了当时水利技术及政治经济的状况，系统地反映出几千年来中国水利事业的演进③。

《说文解字》是中国古代的一部百科全书，其"据形系联、以义部居"的体例，组成了相互联系的意义体系。龙仕平④通过对水部字的考察，初步梳理了我国古代水利的兴替，从"洪、滔、浩、沆、汜、滥、溃、滂、溥"等代表性的水部字揭示了古人对洪水浩大的描述，从"沟、渎、渠、洐、注、措、溢、治、漕"等水部字解说了古代水利工程的类别，从"渗、溃、决、淳、汜、澌、汔、涸、消、潐、渴"等水部字阐述了古代先民管理水利、治理水害的措施及其成就。北魏人郦道元所著的《水经注》是我国古代第一部内容系统的地理巨著，大约成书于1500年前，为研究我国古代水文与地理提供了十分珍贵的史料。张宇辉⑤通过研究《水经注》中所记录的山西古代水利工程，了解了6世纪前山西早期水利工程的相关资料，如智伯古渠、平城（今大同）环境水利工程、穿渠引汾（引黄）灌溉工程以及盐池水利防洪工程等，进而对这些古代水利工程的建设背景、建造过程及取得的效益进行了阐述。《晋水春秋——山西水利史述略》一书对山西水利发展历史的各阶段，以及其中的重要工程与古代著名

---

① 谭徐明．从历史、当代、未来中追寻水利的真谛［J］．中国水利水电科学研究院学报，2008，6（3）：231-237.

② 郑肇经．中国水利史［M］．上海：上海书店，1984.

③ 姚汉源．中国水利发展史［M］．上海：上海人民出版社，2005.

④ 龙仕平．从《说文·水部》看我国古代水利之兴替［J］．江西科技师范学院学报，2006（1）：103-106.

⑤ 张宇辉．《水经注》与山西古代水利工程［J］．山西水利，2001（3）：44-45.

治水人物等作了较全面、系统的阐述，勾画出2500多年来山西水资源开发和江河治理的壮阔画面，使读者能便捷地掌握山西水利发展的历史脉络①。卞鸿翔②详细阐述了从新石器时期一直到南宋的湖南古代水利的发展历程。邬婷③对民国时期陕西的农田水利进行了研究，一方面介绍了古代陕西的农田水利发展概况，对从先秦到晚清的主要工程进行了简单的梳理，另一方面详细分析了民国时期陕西的农田水利得以快速发展的社会背景。沈德富④在对清代贵州的水利资料收集整理的基础上，从自然和社会历史背景两个方面分析了清代贵州水利发展的条件，分别从清代前期、中期、后期展开阶段性的探讨，相对完整地阐述了清代贵州水利的发展历史。岳云霄⑤重点关注清代至民国宁夏平原的水利开发与环境变迁，通过文献考证、图表分析等方法研究该时期水利开发的阶段性特征、影响水利事业发展演变的各种背景因素和水利管理体系，揭示了水利开发与区域环境、社会、政治等方面的互动过程，进一步丰富了对区域史、水利史以及环境史的研究，为区域社会的发展提供了可借鉴的资料。

李放⑥详细描述了从新石器时期到明清的江西古代水利的发展过程，指出明代江西地区的水利建设取得了长足的进步，为江西地区农业生产的发展、水运行业的繁荣创造了良好的条件。魏佐国⑦对明代江西水利建设的主要成就、水利建设的经费来源、水利建设中存在的主要问题进行了分

---

① 王经国．值得一读的地方水利史著作——《晋水春秋——山西水利史述略》读后感［J］．山西水利，2010，26（1）：60.

② 卞鸿翔．湖南古代水利初探［J］．农业考古，1995（3）：159-169.

③ 邬婷．民国时期陕西的农田水利研究［D］．西安：陕西师范大学，2017.

④ 沈德富．清代贵州农田水利研究［D］．昆明：云南大学，2012.

⑤ 岳云霄．民国时期陕西农田水利研究［D］．上海：复旦大学，2013.

⑥ 李放．江西古代水利史概略［J］．南方文物，1990（4）：39-43.

⑦ 魏佐国．明代江西水利建设浅论［J］．南方文物，2006（3）：145-149.

析与梳理。施由民①分别描述了江西明清时期南昌、九江、广信、建昌等十三府的水利建设情况，并从政府重视程度、地理因素、人口压力和巨额的税粮、水旱灾害的增多等方面分析了明清时期江西水利得到大力发展的主要原因。刘颖等学者②针对不同历史时期鄱阳湖流域兴建的水利工程，分析了各个历史时期水利、经济、社会发展三者之间的相互关系，重点阐述了典型历史时期及社会转型期水利发展对社会经济发展的影响。

二、有关古代水利工程价值挖掘的相关研究

古代水利工程除了本身具有的工程价值、经济价值和艺术价值外，其绵延的建设史、配套设施、题刻碑文以及有关的历史和神话传说等历史元素还具有深厚的历史文化价值③④。例如，战国后期，秦统一大业需要大量兵源和军粮马草，在这一背景下，郑国渠约于公元前 236 年前后建成，为秦始皇统一中国起到了补充兵源和保障兵马给养的重大作用。李冰父子修建都江堰的主要目的是为了发展生产，当时都江堰的灌溉总面积为 150 余万亩。为了巩固江山，特别是为保证兵马粮草等后勤物资的运输供应，在陆路运输能力不足的情况下，隋王朝开凿了以洛阳为中心，北至通州、南达杭州的南北大运河。这条大运河不仅满足军事需要，更为南北物资交流、经济社会发展和文化交流与繁荣起到了极为重要的促进作用。这些都

---

① 施由民．明清时期江西水利建设的发展［J］．古今农业，1994（3）：15-20.

② 刘颖，王姣，钟燮，等．治水与鄱阳湖流域经济的历史嬗变［J］．江西水利科技，2018，44（3）：164-166.

③ 王培君．古代水利工程价值及其当代启示［J］．华北水利水电学院学报：社会科学版，2012，28（4）：13-16.

④ 吴楠．古代水利工程蕴含深厚文化价值［N］．中国社会科学报，2016-09-07（002）.

反映了古代水利工程在当时为经济发展、社会稳定、国家繁荣等方面所做出的贡献以及其具有的工程、经济和社会价值。同时，古代水利工程也具有丰富的历史文化价值。岁月淘洗和时间积淀，把当年水利工程建设的“新事”变成今天的“故事”，这些“故事”就是文化。秦时修建的郑国渠到了汉代难以延续使用，便新开了白渠，白渠成为郑国渠的第二代工程，一直到民国时期，我国著名水利专家李仪祉采用现代科学技术主持兴建泾惠渠，成为郑国渠第六代工程①。历经2300多年兴衰变迁，郑国渠早已超越历史，超越工程本身，以一种独立的历史姿态走进了现代社会，走进了今天人们的生活。此外，任何水利工程都不是孤立的独体建筑，它们都建有大量配套设施和附属工程，如水利碑刻作为一种独特的文化载体，成为我国历代水事活动的一种原始记录方式，历史遗留下来的碑刻，从不同侧面反映了各个历史时期治水实践的活动状况，是水利建设和发展的关键历史见证，具有重要的历史、艺术和科学价值，也是宝贵的历史文化遗产。

京杭大运河是世界上最长的人工河流，而且在维护封建帝王的统治和社会稳定、促进经济发展和文化交流等方面起到了重要作用，其功能和地位历来为人们所重视②③。张廷皓、于冰④基于京杭大运河所体现的古代水利工程的特点，通过对现有的价值评估标准进行补充，建立了运河工程价值评估的指标体系，提出了运河工程综合价值量化评估的方法。桔槔作

---

① 叶迁春，张骅．郑国渠的作用历史演变与现存文物［J］．文博，1990（3）：74-84.

② 姚汉源．京杭大运河史［M］．北京：中国水利水电出版社，1998.

③ 俞孔坚，李迪华，李伟．京杭大运河的完全价值观［J］．地理科学进展，2008，27（2）：1-9．

④ 张廷皓，于冰．大运河遗产中的工程哲学与工程价值［J］．2013年中国水利学会水利史研究会学术年会暨中国大运河水利遗产保护与利用战略论坛论文集，2013.

为最古老的提水器械，早在公元前15世纪以前就已在古巴比伦和埃及的农业灌溉中被广泛使用①。诸暨桔槔井灌工程遗产位于浙江省绍兴市诸暨赵家镇的泉畈村、赵家村，李云鹏等学者②通过田野调查、文献考证等方法，分析了浙江诸暨赵家村桔槔井灌工程的历史演变、遗产构成、工程特性及其科技文化价值。

槎滩陂古代灌溉工程位于江西省泰和县禾市镇桥丰村委槎滩村畔，始筑于南唐937—975年，至今已千余年，是当地仍在发挥疏江导流灌溉功能的古代水利工程，号称“江南都江堰”③④⑤。槎滩陂于2013年被确定为“全国重点文物保护单位”，2016年被评选为“世界灌溉工程遗产”，其作为水利文化遗产，价值丰富。近年来，不少学者集中地对水利开发与地方社会变迁的关系、水利工程的科学内涵、相关水利历史文献的介绍等方面进行了探讨和分析。廖艳彬等⑥⑦在借鉴已有研究成果的基础上，对槎滩陂水利文化遗产的价值内涵进行系统分析，介绍其相关保护、开发现状，提出了加强和促进槎滩陂水利文化遗产建设的建议。此外，黄细嘉⑧对槎滩陂水利工程的遗产价值进行了研究，包括水利科学、历史文化、思想精

---

① 李约瑟，Joseph Needham. 中国科学技术史（Science and Civilisation in China）[M]. 鲍国宝，等译. 北京：科学出版社、上海：上海古籍出版社，1999.

② 李云鹏，谭徐明，周长海，等. 浙江诸暨桔槔井灌工程遗产及其价值研究[J]. 中国水利水电科学研究院学报，2016，14（06）：437-442.

③ “江西水利志”编纂委员会. 江西省水利志[M]. 南昌：江西科学技术出版社，1995.

④ 槎滩碉石二陂山田记[Z].

⑤ 衷海燕，唐元平. 陂堰、乡族与国家——以泰和县槎滩、碉石陂为中心[J]. 农业考古，2005（3）：157-161.

⑥ 廖艳彬. 江西泰和县槎滩陂水利与地方社会[D]. 南昌：南昌大学，2005.

⑦ 廖艳彬，田野. 泰和县槎滩陂水利文化遗产价值及其保护开发[J]. 南昌工程学院学报，2016（05）：5-10.

⑧ 黄细嘉，李凉. 江西泰和槎滩陂水利工程的遗产价值研究[J]. 南方文物，2017（2）：261-265.

神、农耕经济等多维价值。陈芳①、刘颖②等学者分别从历史文化价值、工程价值、科学价值、经济价值四个方面剖析槎滩陂水利工程的治水理念，以槎滩陂的历史沿革、科学理念两个维度来阐释其“道法自然”“人水和谐”的科学治水理念。因此，对古代水利工程而言，除了使它成为工程遗产的工程价值之外，更重要的是，其所蕴含的宝贵的文化财富又使它成为文化遗产。在现今推进水文化建设工作的进程中，古代水利工程的多重价值还需要我们不断去探索、挖掘。

三、有关古代水利工程保护现状的相关研究

近年来，随着对遗产保护工作认识的不断深入，人们发现大量区域性遗产需要整体关照、动态保护。在这一背景下，美国率先开展运河遗产廊道（Heritage corridor）的动态管理。遗产廊道是美国针对区域性遗产提出的一种战略性保护方法，将其视为拥有特殊文化资源集合的线性景观，带有明显的经济中心，还涉及旅游业的蓬勃发展、老建筑的适应性再利用、娱乐功能及环境的改善等方面③④。它强调对廊道历史文化价值的整体认识，并利用遗产来复兴经济，同时解决景观趋同、社区认同感消失、经济

① 陈芳，刘颖，钟燮，等．槎滩陂古代灌溉工程价值剖析及对当代的启示［J］．中国农村水利水电，2018（6）：167-168.

② 刘颖，方少文，钟燮，等．江西省泰和县槎滩陂水利工程的科学内涵探索［J］．江西水利科技，2016（1）：44-47.

③ Flink C A，Searns R M. Greenways［M］．Washington：Island Press，1993.

④ Tuxill J，Mitchell N，Huffman P，et al. Reflecting on the Past，Looking to the Future：Sustainability Study Report［R］．Woodstock，VT：USNPS Conservation Study Institute，2005.

衰退等相关问题①。美国早期的国家遗产廊道（区域）基本上都是运河遗产廊道②。在具体的保护工作中，主要通过开发丰富多彩的廊道活动、构建和谐的保护合作伙伴关系来塑造遗产的魅力，通过电视广告、学术交流、商业文化活动等途径来呈现遗产的魅力，从而增强公众的区域自豪感与自信心，并引起政府甚至世界的高度关注③④⑤。此外，成立于1902年的美国垦务局，也承担着辖区内数量众多、类型丰富、分布广泛的水文化遗产资源管理工作⑥⑦。1974年，垦务局设立了文化资源管理项目（Cultural Resources Management Program），该项目设立后的30多年间，垦务局在文化资源管理方面主要围绕“保护我们的过去”和“提升我们的过去”这两种理念做了大量工作⑧。

里多运河是加拿大的历史运河之一，在2007年入选世界文化遗产名录⑨。由于运河两岸城镇的快速发展，不断改变着运河周边的自然环境，

① 朱强，李伟．遗产区域：一种大尺度文化景观保护的新方法［J］．中国人口·资源与环境，2007，17（01）：50-55.

② Eugster，J. Evolution of the Heritage Areas Movement［J］．The George Wright Forum，2003，20（2）：50-59.

③ Ligibel · Theodore J. The Maumee Valley Heritage Corridor as A Model of the Cultural Morphology of the Historic Preservation Movement［D］．Bowling Green：Bowling Green State University，1995：107-132.

④ The European Association of Historic Towns and Region. The Road to Success' Integrated Management of Historic Towns Guide Book［Z］．2011-04：17-57.

⑤ Roberts and Todd. Schuylkill River National & State Heritage Area Final Management Plan and Environmental Impacts Statement［R］．2003：52-59.

⑥ 孙颖，黄文杰．美国跨流域调水工程的供水管理问题［J］．第二届全国水力学与水利信息学学术大会论文集，2005.

⑦ 许红波，祁建华．美国的水利管理［J］．中国水利，1996（12）：38-39.

⑧ 王英华，吕娟．美国垦务局文化资源管理模式对我国水文化遗产保护与利用的启示［J］．水利学报，2013（S1）：51-56.

⑨ 周珊．加拿大里多运河的保护［J］．城市时代，协同规划——2013中国城市规划年会论文集，2013.

并已对运河原有的布局特征和文物古迹造成了威胁。为了在旅游、土地开发和遗产保护之间寻求平衡，里多运河最早从 1990 年就编制了管理规划，划分了核心区和缓冲区，确定了管理机构，协调保护与发展的矛盾，加强了遗产保护的有效性①。英国庞特基西斯特水道桥与运河建于 18 世纪下半叶，2009 年入选世界文化遗产名录，与其他运河遗产一样，它也面临城镇发展与工业建设压力、旅游压力、环境压力和自然灾害等问题。为此，英国于 2007 年编制了《庞特基西斯特水道桥与运河管理规划》，对保护核心区与缓冲区等方面进行了划定，并明确了由政府机构、非营利组织和企业等多方来组成管理机构②③。位于法国南部的米迪运河可谓是 17 世纪欧洲最宏大的营造工程，于 1996 年入选世界文化遗产名录。目前，米迪运河已明确了运河本体管理机构，具体的管理、维护和开发运河活动由国家和地区两级管辖机构来进行，地方政府提供米迪运河维修和整治的部分经费；在法律法规方面，《米迪运河遗产管理手册》《米迪运河景观建设规章》对运河各类遗产现状、遗产管理、保护重点、保护措施、划分保护区等方面进行了相应规定④。

我国在长期的除水害、兴水利过程中，形成了丰富的水利工程和水文化遗产，部分水利工程沿用至今。但是，在经济社会发展过程中，曾一度出现“建设性破坏”。如何弘扬和传承水文化，加大对古代水利工程与水

① 张广汉．加拿大里多运河的保护与管理［J］．中国名城，2008（1）：44-45.

② 赵科科，孙文浩．英国庞特基西斯特水道桥与运河的保护与管理［J］．水利发展研究，2010，10（7）：68-70.

③ 高朝飞，奚雪松，王英华．英国庞特基西斯特水道桥与运河的遗产保护与利用途径［J］．国际城市规划，2017，32（6）：146-150.

④ 万婷婷，王元．法国米迪运河遗产保护管理解析——兼论中国大运河申遗与保护管理的几点建议［J］．中国名城，2011（7）：53-57.

文化遗产的保护研究，是近年我国水利史研究者重点关注的课题①。近年来，水利物质文化遗产的价值得到了社会普遍认同。位于四川省的都江堰，于2000年被确定为世界文化遗产。2007年《中华人民共和国文物保护法》经修改后再颁布，引起了各级政府的高度重视，推动了水利文化遗产的保护工作。为有效保护与合理利用在用古代水利工程与水利遗产，2009年水利部规划计划司下发《关于在用古代水利工程与水利遗产保护规划任务书的批复》（水规计〔2009〕204号），委托中国水利水电科学研究院开展在用古代水利工程与水利遗产的总体保护规划编制工作。在南水北调这一世界瞩目的远距离、大跨度生态调水工程紧锣密鼓地建设过程中，我国依然不忘筹备京杭大运河申请世界文化遗产的工作，表明国家对水利遗产保护工作十分重视。

随着文化建设工作的开展和水利遗产面临各种破坏威胁的问题，近年来文物保护者和水利遗产研究者等学者开始了古代水利工程与水利遗产的保护类研究。刘延恺等②结合北京市对水利文化遗产保护的经验，提出水利工作者应增强水利文化遗产保护意识，介入保护与管理工作，以及在河道生态治理过程中应该融入水文化内涵的建议。1961年，通济堰成为第一批浙江省重点文物保护单位，开创了通济堰文物保护工作的里程碑。2001年，通济堰被国务院公布为第五批全国重点文物保护单位，成为记载中华民族历史发展进程的最优秀的文化遗产之一。但最近几十年来，通济堰遭受破坏的速度正在加快。为此，吴志标③从认识水利文化价值、延续水利

① 谭徐明．水文化遗产的定义、特点、类型与价值阐释［J］．中国水利，2012，21（1）：1-4.

② 刘延恺，谭徐明．水利文化遗产现状及保护的思考［J］．北京水务，2011，6：60-62.

③ 吴志标．从通济堰看古代水利工程的保护与利用［J］．中国文物科学研究，2009（1）：33-35.

灌溉功能、完善科学管理体系和创新合理利用机制等方面为通济堰的保护和利用提出了几点建议。安丰塘是我国古代著名的四大水利工程之一，它具有自然遗产与文化遗产双重特性。针对如今安丰塘存在的水源水系不畅、灌区功能退化、生态环境乱象及遗产保护欠缺等问题，谢三桃等①通过开展安丰塘遗产水利专项规划活动，从水源保护与修复、灌区恢复与发展、遗产传承与拓展及工程维护与管理等方面，提出了有针对性的保护与利用策略，也为类似古代水利工程的保护工作提供了参考。崔洁②指出，除了对水利文化遗产进行保护，也应对其进行合理开发与利用，以带动当地文化产业、旅游业及餐饮业等行业的发展，同时在水利文化遗产保护策略与开发策略中提出了“两个原则”与“三个举措”。

如何对承载着深厚文化内涵的水利遗产进行有效的保护，是推进水利现代化的过程中必须高度关注的问题。对水利遗产进行保护，可以提升城市内涵、繁荣地方文化和发展地方旅游产业。贲婷华③以江苏省东台市为样本，从水利遗迹保护与利用现状入手，分析了东台市在以水利遗迹保护促进水文化传承的工作中存在的问题，提出开展专项的遗迹调查、建立高效的管理机制、采取多元的保护方式、构建联动的体制机制等相关对策，以期加强对东台市水文化的挖掘和传承。清口水利枢纽是大运河沿线最重要的水利枢纽之一，其遗产区面积约为3967万平方米，如此大面积的水利遗产，又散落在方圆近百平方公里的区域中，如何更好地保护、利用、展示是摆在相关部门面前的一个重要问题。为此，淮安市博物馆将考古发掘成果和科学保护展示规划相结合，专门聘请中国文化遗产研究院结合考古

---

① 谢三桃，王国汉，吴若静，等．安丰塘水利文化遗产的保护与利用策略［J］．水利规划与设计，2015（9）：11-14.

② 崔洁．我国水利文化遗产保护与开发策略研究［J］．河北水利，2015（1）：34-34.

③ 贲婷华．以水利遗迹保护促进东台水文化传承之浅见［J］．江苏水利，2016（7）：62-64.

成果编制了《大运河淮安段清口枢纽保护总体规划》，并请东南大学古建所编制了《淮安市清口水利枢纽遗址展示规划》①，根据规划设计，对遗址的本体采取了科学的保护措施并进行展示，在遗址上建设了遗址公园。李云鹏等②通过系统地调查大运河的河道及相关水系、各类水利工程及遗产数量和分布、管理制度等基本情况，分析了大运河水利遗产保护现状及存在的突出问题，从文化遗产可持续发展的视角探讨保护及利用策略，继而指出，大运河的保护与利用应以延续水利功能与保护文化遗产并重为基本原则，逐步建立完善和统一的法律法规和技术标准体系，同时加强遗产保护理论及技术的研究。新疆吐鲁番坎儿井作为我国水利文化发展史中极为重要的一环，其重要的文化内涵和实用价值充分体现了古代吐鲁番劳动人民认识自然、利用自然和改造自然的大智慧、大决心。然而，坎儿井也正面临着消失的危险，肉克亚古丽·马合木提③通过查阅文献资料、实地考察和百姓访谈，从工程措施、管理体制机制和宣传教育等方面总结了坎儿井的保护策略。

有着“江南都江堰”美誉的槎滩陂，历时千年仍屹立不倒，惠泽万顷，为保护和利用好该水利遗产，钟夔④、廖艳彬等⑤主要从延续水利遗产功能、建立管理体制和专业人才队伍、加强宣传力度及加大资金投入等

---

① 李倩，祁小东．清口水利枢纽遗址考古与保护利用［J］．淮阴师范学院学报：哲学社会科学版，2016，38（5）：654-659.

② 李云鹏，吕娟，万金红，等．中国大运河水利遗产现状调查及保护策略探讨［J］．水利学报，2016，47（9）：1177-1187.

③ 肉克亚古丽·马合木提．吐鲁番坎儿井保护研究［D］．上海：复旦大学，2013.

④ 钟夔．江西省泰和县槎滩陂水利遗产的保护与利用研究［D］．南昌：江西农业大学，2016.

⑤ 廖艳彬，田野．泰和县槎滩陂水利文化遗产价值及其保护开发［J］．南昌工程学院学报，2016（05）：5-10.

方面进行了研究。王姣①等以江西省在用古代水利工程为研究对象，分析并总结了江西省在用古代水利工程的发展历史、现状及存在的问题。

四、对古代水利工程保护策略的相关研究

近年来，在现代社会市场经济和工业文明的冲击下，一些古代水利工程遗产在城镇化、现代化建设中遭到不同程度的破坏，若长此以往将影响水利文化遗产的延续与传承。目前水利工程遗产保护工作主要存在以下几方面的问题。

一是法律法规及保护管理规范亟待完善。当前，我国对古代水利工程遗产的保护，主要由文物、水利两个部门负责。文物部门多以“保护文物原状”为基本原则，这不利于实现水利工程活态遗产的保护与利用结合；水利部门则以保障工程功能有效发挥、保障防洪供水等安全为首要原则，且不同程度地存在“重利用、轻保护”的现象。我国有关“活态”水利遗产保护的相关法律尚未出台，因此产生了法律漏洞，极不利于水利遗产保护。另外，我国缺少水利工程遗产保护、维修、改扩建相关技术规范与标准，致使遗产保护工作的实施无从参考。

二是缺乏健全的管理体制。体制不足表现在管理机构不统一和管理缺失两方面。水利工程遗产的保护管理常涉及多个部门，可能会引起各部门间权责不明、条块分割、职能交叉，不利于保护工作的落实。此外，一些小型水利工程一般由当地县、乡级政府负责保护管理，由于没有明确的管理机制，甚至有些水利工程遗产处于无人管理的状态。

三是经费投入不足。水利工程遗产保护工作需要财力、物力的支持，经费不足将导致相关工作无法开展与进行。此外，古代水利工程在使用过

---

① 王姣，刘颖，彭圣军，钟夔．江西省在用古代水利工程概况及保护现状［J］．江西水利科技，2019，45（02）：142-147.

程中需要定期检查维护，因此经费投入要有稳定性和长期性，当经费来源不稳定、不能满足需求时，也不利于水利工程遗产的保护。

四是缺乏价值认知和宣传教育。长期以来，社会普遍缺乏对水利工程遗产价值的认知，保护水利遗产的意识尚未深入人心，一些古代水利工程并未像古建筑和城市历史街区保护那样被纳入城市规划管理体系，反而在城市发展过程中遭到了建设性破坏，被填埋、改扩建，甚至拆除，得不到应有的重视和保护。此外，我国在水利遗产保护方面的宣传教育工作较为薄弱，许多民众完全不了解水利工程遗产的特性和价值，更不知道保护水利遗产的意义所在。

针对上述水利工程遗产保护过程中存在的问题，赵雪飞①等从完善法律体系及保护管理规范、建立科学有效的管理体制、加大水利遗产保护经费投入和加强水利文化收录及宣传教育工作等方面，为水利工程遗产保护工作提供了相关参考意见。汪健②③通过对我国水文化遗产保护开发现状进行分析，认为当前存在保护意识淡薄、体制机制欠缺、保护开发不科学等问题，据此从加强宣传推广、提高民众保护意识，加大政策扶持力度以及实施科学的保护和开发建设等方面，提出了加强水文化遗产保护开发工作的具体对策和建议。周波等④⑤结合水利风景区的特殊功能定位，从分类保护、加强管理、完善制度、实施监管等方面提出了保护与利用水文化

---

① 赵雪飞，戴昊，张建，等．水利工程遗产保护策略探讨［J］．东北水利水电，2017，12：67-70.

② 汪健，陆一奇．我国水文化遗产价值与保护开发刍议［J］．水利发展研究，2012，12（1）：77-80.

③ 汪健．我国水利文化旅游发展现状与对策探讨［J］．中国水利，2011（5）：56-58.

④ 周波．浅论水利风景区水文化遗产的分类保护利用方法［J］．中国水利，2013，19：62-64.

⑤ 周波，谭徐明，王茂林．水利风景区水文化遗产保护利用现状，问题及对策［J］．水利发展研究，2013，12：86-90.

遗产的相关方法及措施，为开展水利风景区水文化遗产保护工作提供参考和借鉴。里昂①以当前如火如荼的海绵城市建设为契机，通过专家问卷调查和对海绵城市进行实例分析的方式，对海绵城市建设中水文化遗产保护方面的相关问题、形成原因以及海绵城市建设与水文化遗产保护之间互惠共生的密切关系进行了剖析，进而从完善政策法规体系、健全部门机构与合作机制、建立多层次的规划体系、编制专项保护规划等层面提出了海绵城市建设中水文化遗产的保护策略。

大运河是世界上里程最长、工程最大、最古老的运河之一，具有自然遗产与文化遗产双重特性，代表了中国古代水利规划、水利工程技术的最高成就②。针对大运河保护对象的特点，以及保护与利用中存在的问题，相关科研人员做了大量的保护性研究工作。吕娟③开展了基于“大运河河道及沿线水利工程”调查，分析了大运河水利遗产保护与利用现状及存在的突出问题，从文化遗产可持续发展的视角探讨了大运河水利遗产保护与利用策略，具体包括对大运河全线各类遗产的保护和大运河及相关水系、地区发展的统筹考虑，进行统一规划；加强地区和部门间沟通和协调，建立高效、便捷的协调机制；多途径、多角度地宣传展示，提升公众对大运河水利遗产价值和特点的认知；推进文化遗产保护法律法规体系的完善，为文化遗产保护提供依据和指导。刘建刚④从建立协调机制、明确水行政

---

① 里昂，王思思，吴文洪，等．海绵城市建设中水文化遗产保护策略研究［J］．人民长江，2018，49（11）：14-18.

② 谭徐明，于冰，王英华，等．京杭大运河遗产的特性与核心构成［J］．水利学报，2009（10）：1219-1226.

③ 吕娟，李云鹏．大运河水利遗产现状问题及保护策略探讨［J］．2013年中国水利学会水利史研究会学术年会暨中国大运河水利遗产保护与利用战略论坛论文集，2013.

④ 刘建刚，谭徐明，邓俊，等．大运河遗产水利专项规划的保护与利用策略［J］．中国水利，2012（21）：10-13.

主管部门遗产保护管理职责、建立各级保护管理制度、编制《大运河遗产保护与管理规定》、设立大运河遗产保护专项基金、加大科普宣传力度等方面提出了大运河保护与开发策略。许红波、龚道德等①②③通过剖析美国国家遗产廊道管理模式的动态性特征，梳理美国垦务局对辖区内具有历史价值的水利工程、遗址和历史区等文化资源的管理措施，为大运河动态保护与管理以及我国水文化遗产保护与利用工作提供了良好的借鉴。王姣④⑤等在对国外成功的保护机制作深入研究的基础上，总结了国内外近年来在用古代水利工程的保护机制和主要做法，并针对江西省古代水利工程现状及存在的问题，对古代水利工程的保护策略进行了探索。

第三节　本书主要研究内容

中国自古就有重视水利的传统，修建了众多水利工程，部分水利工程至今仍能造福百姓，发挥着重大作用。与现代工程相比，古代的水利工程虽然规模小，但它们为经济社会发展做出了重要贡献，具有重要的工程与历史价值。本书重点对江西省水利发展历史及历代治水方略进行梳理，掌

---

① 许红波，祁建华．美国的水利管理［J］．中国水利，1996（12）：38-39.

② 龚道德，张青萍．美国国家遗产廊道的动态管理对中国大运河保护与管理的启示［J］．中国园林，2015（3）：68-71.

③ 龚道德，袁晓园，张青萍．美国运河国家遗产廊道模式运作机理剖析及其对我国大型线性文化遗产保护与发展的启示［J］．城市发展研究，2016，1：147-152.

④ 王姣，刘颖，钟燮，彭圣军．浅谈江西省古代水利工程的保护策略研究的意义［M］．创新时代的水库大坝安全和生态保护，中国大坝工程学会2017学术年会论文集．郑州：黄河水利出版社，818-823.

⑤ 王姣，刘颖，虞慧，熊威．浅析国内外在用古代水利工程的保护机制［J］．江西水利科技，2019，45（04）：298-302.

握了全省古代水利工程的分布规律及空间特征，并选取典型在用古代水利工程进行价值剖析，深度挖掘其所蕴含的历史、科技、文化等方面的价值，再结合江西省古代水利工程的保护现状及存在的主要问题，从多方面探索适宜我省古代水利工程的保护策略，以期能推动这些古代水利工程获得更好的保护，继续弘扬和发挥它们的价值。主要研究内容如下：

第一，梳理江西省水利发展历史及历代治水方略，掌握了全省古代水利工程的分布规律及空间特征。

江西省古代水利工程数量较多，众所周知的有泰和县槎滩陂、赣州市上堡梯田、抚州市千金陂等，但更多水利工程是鲜为人知的。为全面了解江西省古代水利工程的基本情况，本书系统地对江西省水利发展历史及历代治水方略进行了梳理，通过查阅古文献的方式了解民国以前江西省古代水利工程的数量、规模、功能种类及地理位置等基本情况，掌握了其分布规律及空间特征，再通过现场调研及问卷等方式分析并提出江西省古代水利工程的保护现状及存在的主要问题。

第二，选取典型在用古代水利工程进行价值剖析，深度挖掘其所蕴含的历史、科技、文化等方面的价值。

古代水利工程的科技水平往往是领先时代的，其工程规划、建筑型式、施工技术与当时的自然环境和社会环境相协调，反映了中国劳动人民的智慧，促进了当时各地的农业发展、民生改善和社会稳定。同时，古代水利工程还承载着丰富的历史文化和生产生活信息，具有历史性、科学性、艺术性和深厚的历史文化价值，是中国传统文化的重要组成部分。本书选取不同类型的两个在用古代水利工程作为典型例子，对相关资料进行了梳理和整编，同时从历史沿革、工程功能和工程效益等方面定性分析了其所蕴含的历史、科学、社会、经济等价值，有助于公众更深入地了解江西省的古代水利工程。

第三，唤起公众对古代水利工程的认知，提高人们对古代水利工程的保护意识。

作为先人留下的遗产，古代水利工程为当地政治、经济和社会的发展作出了较大的贡献，其蕴含的历史、文化和艺术等价值也应当为人们所知晓。但现实情况是古代水利工程一般规模小，又多处于乡村郊野，地理位置较偏僻，加之宣传工作不到位，导致公众对古代水利工程不甚了解，绝大多数古代水利工程都缺乏相应的保护，有些甚至因人为或自然原因而湮灭了。本书结合江西省古代水利工程的保护现状及存在的主要问题，从保护理念和意识、相关法规制度体系、管理机构和管理职责、保护经费、技术和人才等方面，探索适宜江西省的古代水利工程保护策略，以期能推动这些古代水利工程获得更好的保护，继续弘扬它们的历史、科技、文化价值。

第二章

民国以前江西省水利发展史及治水方略

古语有训："治国先治水，治水即治国，是鲧所以亡，禹所以兴也。"在以农业为主要生产方式的古代，农业是最主要的经济支柱，而水利是农业的命脉，故而发展水利成为社会稳定和经济发展的必要条件。江西省位于长江中下游交接处的南岸，自古以来就享有"鱼米之乡"的美誉，水资源丰富，水利工程发达，历朝历代修筑的水利工程众多。自唐代至清代，江西水利得到大力发展。最早的水利工程记载见于西汉，在隋唐及宋代逐渐得到大力发展，至明代达到顶峰，其水利工程建设的发展历程不仅印证了中国古代水利的发展历程，也对当代的水利建设提供了历史借鉴。

本章详细梳理了民国以前江西省的水利发展历史，并以不同时期江西的政区建置、人口数值及农业、手工业、商业等发展状况为切入点，探讨不同时期江西的水利工程建设理念与政治、经济、社会和文化等方面的联系，通过深入挖掘古代水利工程的价值，从传统的防洪思想与行之有效的治水对策中吸取智慧，并对当代水利建设提出建议与意见。

第一节　民国以前江西省水利发展概况

江西水利历史悠久，据考古发掘，在商代已有水稻生产与水利活动，战国时期已有储存稻谷的大型粮仓。在晋代，京城以外的粮仓有三分之二在江西，说明江西的农田水利早已有所兴建①②③。但见于史志文献记载最早的是西汉名将颍阴侯灌婴领兵驻九江时凿井供水，其井称为“灌婴井”，后淹塞。

在汉代，江西不仅较普遍地建造塘坝等蓄水灌溉工程，而且开始使用筑堤建闸的防洪排涝设施。晋永嘉四年（公元 310 年），罗子鲁在分宜县西昌山峡断山堰为陂，灌田 400 余顷，号“罗村陂”，这是江西最早的较大型引水灌溉工程。

在唐代，江西人口从 31.9 万增长到 163.6 万，耕地面积不断扩大，水利建设有较大的发展。韦丹任江南西道观察使时大兴水利，修陂塘 598 所，灌田 1.2 万顷，并筑南昌堤闸防御洪涝。古代江西有名的万亩以上灌溉工程，如抚州市的述陂、博陂、千金陂，宜春市袁州区的李渠，泰和县的槎滩陂等都建于唐代。水利建设的兴盛，有力地促进了农业生产的发展。每年江西漕（米）运至渭桥仓的粮食达到一百二十六万石，在全国经济中占有重要地位。

两宋时期，江西水利又有较大的发展。北宋王安石变法，务修水土之

---

① 刘颖，王姣，钟燮，等．治水与鄱阳湖流域经济的历史嬗变［J］．江西水利科技，2018，44（3）：164-166.

② 李放．江西古代水利史概略［J］．南方文物，1990（4）：39-43.

③ 王根泉，魏佐国．江西古代农田水利刍议［J］．农业考古，1992，3：176-181.

利。熙宁二年（公元 1069 年），《农田水利约束》法令颁布后，使“四方争言农田水利，古陂废堰，悉务兴复”。特别是南宋时期，随着经济中心南移，江西人口增加，耕地扩大，有力地推动水利建设，“兴修陂塘无虑数万有奇”。仅江州（今九江地区）曾修陂塘数千所，山区筒车、水车得到普遍推广。太平兴国年间（公元 976—984 年），丰城县在槎水筑堰 30 多处。泰和县梅陂、安福县寅陂、遂川县大丰陂等灌田万亩以上的陂堰都建于宋代，赣江东岸圩堤和石埽多建于这个时期，沿江滨湖地区也开始围垦。宋朝大兴水利，促进了农业生产的发展。据《宋史》载：“本朝东南漕米六百万石，江西居三分之一。”

元初，江西水利与农业仍有所发展，但元末陈友谅与朱元璋在江西境内反复交战，导致水利失修，经济破败，人口下降。

在明代，为了增加粮食生产，江西省大量开垦荒地湖滩，实行军事屯田。洪武、永乐年间，朝廷多次下令兴修水利。万历三年（公元 1575 年），九江长江北岸筑堤堵小池口，改变了几千年来江流九派的历史，导致长江和鄱阳湖的洪水位提高，迫使沿江滨湖围垦的湖滩洲地必须筑堤。万历四年（公元 1576 年），我国历史上著名的治水人物潘季驯任江西巡抚期间，调动大量军工民工修筑九江桑落洲堤。瑞昌县长江南岸梁公堤也建于万历五年（公元 1577 年）。沿江滨湖的南昌、新建两县在明弘治十二年（公元 1499 年）有圩堤 105 处，万历十四年（公元 1586 年）增加到 312 处，万历三十六年（公元 1608 年）又增加到 345 处。由于江西大量地围垦江湖洲滩，促进了农业发展，带来了经济繁荣，但与水争地，使水灾加剧。从明代起，江西水利重点转移到沿江滨湖修堤防洪。

清沿明制，乾隆四十七年（公元 1782 年）江西人口增长到 1763 万，至咸丰元年（公元 1851 年）增长到 2387 万。为了解决粮食问题，必须扩大耕地，发展水利。雍正元年（公元 1723 年）、乾隆三十年（公元 1765

年）清政府多次发帑兴修圩堤。新干县的石口至新市堤，清江的白公堤，丰城县的小港口闸和堤，南昌的集义圩、新增圩等均建于清代。赣江东岸到清代前期已筑有小堤160多条，清代中期基本连成一体。乾隆二十三年（公元1758年），江西各分巡道及各府州同知、通判普加水利衔，主管水利。咸丰元年（公元1851年），全省农田灌溉面积达2300万亩，圩堤3000多公里，保护面积400多万亩。

清代由于人口猛增，盲目围垦的情况有增无减，水灾比前期更为严重。清政府曾多次下令禁止围垦，但多数圩田为官绅豪权所占，禁而不止。自鸦片战争后，清政府更加腐败，社会经济衰退。特别是19世纪50年代，清军与太平军在江西反复交战10余年，使江西人口减少上千万，水利严重损坏，全省灌溉面积荒废约千万余亩。

第二节　第一阶段：秦汉以前（探索期）

一、经济发展历程

（一）政区建置

据人类学家和考古学家的研究，大约在距今四五万年前的旧石器时代晚期，我们的祖先就生息繁衍在江西的土地上。在《禹贡·九州里》中记载，夏商周时期，现江西鄱阳湖以西大部分地区属于荆州，鄱阳湖以东则属于扬州；而据《竹书纪年》、《战国策·魏策》、《左传》及其“杜注”、《史记·越王勾践世家》等文献的记载，西周时，至少今江西北部地区为土著越人的活动区域；《左传》所记春秋时吴国公子庆忌所居的艾邑是江西地区出现得最早的县级政区之一。春秋时期，江西的东部地区属于吴国，西部地区属于楚国，其明确的分界地域难以考证。战国时期，吴国败于越国，越国占有江西的东部地区，后越国又败于楚国，楚国遂拥有江西之全境，直至秦始皇统一全国。这种情况说明：一方面，在秦始皇统一全国之前该地区尚没有一个独立的政权，地域的归属是围绕着强者为王这一轴心而发展变化的；另一方面，由于列国争雄，并没有实现明确而统一的行政区划制度，其地域的具体归属也就只能是模糊的。

（二）人口数值

远古时期人口稀少，原始人群在江西这块土地上奔走往来，捕鱼打猎，繁衍后代。夏、商、西周时期，江西发展速度逐渐加快，人口也逐渐增加，目前尚无古籍具体给出当时人口的数量。

（三）农业

先民们主要过着渔猎生活，生产工具十分简单。考古学家在安义县城郊、乐平市涌山岩洞等地发现了属于旧石器时代晚期的文化遗存，这些遗存中发现的打制石器与同一时期中国其他地区的考古发现没有多大区别，说明在旧石器时代晚期，江西和全国其他地区一样，生产力发展很缓慢，仍处于渔猎经济状态。进入新石器时代，江西经济得到缓慢发展，生产工具不断进步，甚至出现了栽培稻。考古学家在属于新石器时代的吊桶环遗址中发现，野生稻比例不断减少，而栽培稻的比例不断增加，并在吊桶环新石器时代早期 E 层中发现了栽培稻植硅石，据碳十四鉴定法测定其年代在公元前一万年以前，是现今所知世界上年代最早的栽培稻遗存之一①。

---

① 严文明，彭适凡．仙人洞与吊桶环——华南史前考古的重大发现［N］．中国文物报，2000-07-05.

在新石器时代晚期，原始稻作农业逐渐发展，水稻种植面积逐渐扩大，在修水县山背遗址、樊城堆遗址、永丰县马家坪遗址等处都发现了稻谷、稻秆，说明在四五千年前，江西的水稻种植业已普遍开展，范围不断扩大。春秋战国时期，随着铁器的广泛使用，开垦土地变得更为轻松，劳动生产率不断提高，大面积的荒地逐步被开垦，粮食产量也越来越高，江西逐渐成为重要的粮食产出地，新干县战国粮仓遗址就是这一时期江西经济发展状况的体现。

二、治水理念与方略①②③④⑤

秦汉以前，古人不断地与大自然做着顽强的斗争。起初人类是被动地抵御洪灾，这种防洪的基本思想大约可以追溯到春秋时期，后来人们逐渐积累了丰富的防灾治水经验，并形成了一些防御洪水的思想理论，之后才有了真正的水利建设。战国时期的思想家们对防灾也有自己的看法。成书于战国时期的《管子》一书中就表达了明确的防灾思想，其中《立政》篇指出："……决水潦、通沟渎、修障防、安水藏，使时水虽过度，无害于五谷，岁虽凶旱，有所粉获"，即主张通过修筑水利工程以避免或减轻水灾所造成的损失，其提出的排泄积水等要领明确指出了疏通沟渠、修筑堤坝、加固水库之法，至今仍不失为可靠而积极的措施。

---

① 熊晶，郑晓云．水文化与水环境保护研究文集［M］．北京：中国书籍出版社，2008.

② 黄怀信．逸周书源流考辨［M］．西安：西北大学出版社，1992.

③ 左丘明．国语·楚语上［M］．北京：中华书局，2002.

④ 司马迁．史记［M］．北京：中华书局，2002.

⑤ 黎翔凤．管子校注［M］．北京：中华书局，2004.

第三节 第二阶段：秦汉时期（初兴期）

一、经济发展历程

（一）政区建置

行政区划作为一种制度在全省范围内实行是在秦始皇统一全国之后，江西作为秦王朝的组成部分而出现。秦始皇废除分封制，实行统一的郡县两级地方行政区划制度。当时，江西地区没有地方一级行政区划。汉代实行的是郡县两级制。西汉初年，江西境内设置了豫章郡，郡治南昌县。据《汉书·地理志》记载，豫章郡下辖南昌、庐陵、彭泽、鄱阳、历陵等18个县，说明汉代统治者已逐步重视对该地的管理，但每县的管辖区域还未明确，且县与县之间仍有大量的未划分归属的地域，所以这18个县可以认定为江西经济发展较快地区，其他地区发展水平有限。而县治主要集中在鄱阳湖区周边，表明自秦汉开始，鄱阳湖区便是江西经济最繁荣的地区。

自西汉初年至东汉时期，江西境内新增石阳、临汝、建昌等9县，在这将近400年中，只增加9个县，说明这一时间段内，江西发展缓慢。三国吴时，江西新置28个县，此时，江西全区发展为豫章、鄱阳、临川、庐陵、安成5郡，共55个县，而柴桑割属寻阳郡。江西这一阶段的郡县数量大增，既是政治、军事因素影响的结果，也是江西越来越受重视的反映。

西晋时期，江西境内郡县兴废频仍，而最为重要的行政区划设置是江

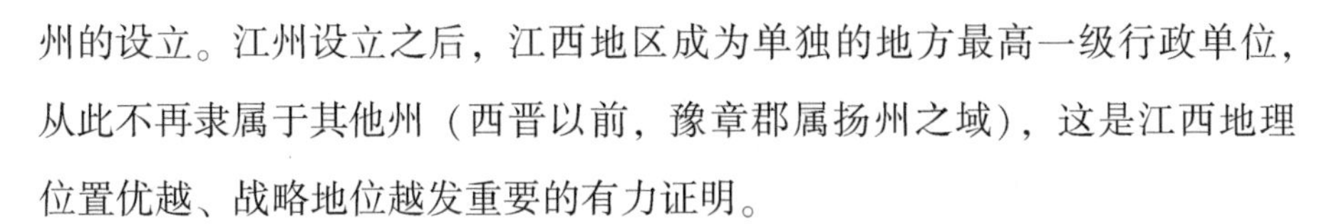

州的设立。江州设立之后，江西地区成为单独的地方最高一级行政单位，从此不再隶属于其他州（西晋以前，豫章郡属扬州之域），这是江西地理位置优越、战略地位越发重要的有力证明。

东晋时期，郡县时有兴废，如分柴桑、彭泽县界侨置安丰、松滋两郡，后又废安丰郡等，郡县兴废无常，是政治统治能力不强的表现。而南朝宋、梁，也由于同样原因，郡县时常建而又废，废而又建，但江西境内的郡县总数并没有太大改变。

地方行政区划的不断增多，是江西经济逐步发展和中央重视程度提高的共同体现，所设置的郡县，不仅是国家政治军事直接管理的地域，也是经济发展较快的核心地区。

（二）人口数值

自秦汉至六朝时期，江西人口经历了许多变化，但大多与当时的政治环境和社会生产密切相关。据梁方仲所著《中国历代户口、田地、田赋统计》统计（见表2-1），公元2—140年，豫章郡人口增加了1316941人，是元始二年（公元2年）的3. 74倍。人口的增加意味着劳动力的大量增加，这是社会经济发展的反映。江西地区能在100年间，人口成倍增长，说明汉朝时期江西的农业已呈现良好的发展势头。六朝时期，因经历了长年的战乱，江西人口大量衰减，但由于南朝宋统治者实行利于社会发展的统治政策，江西处于相对安定的环境之中，生产得到恢复和发展，人口逐步恢复，自此江西经济初兴。可见，秦汉至六朝时期，江西人口虽受战争等因素影响有所变化，但占全国的比重仍不断增加，总体呈上升趋势。

表 2-1　　秦汉～六朝时期江西人口变化表

年代	西汉平帝元始二年（公元 2 年）			东汉顺帝永和五年（公元 140 年）			南朝宋孝武帝大明八年（公元 464 年）		
	江西	全国	占全国总数比（%）	江西	全国	占全国总数比（%）	江西	全国	占全国总数比（%）
户数（户）	67462	12233062	0. 5	406496	9698630	4. 1	46148	901769	5. 1
人口（口）	351965	59594978	0. 6	1668906	49150220	3. 3	376986	4685501	8. 0

（三）农业

秦汉时期，铁器与牛耕广泛使用，劳动生产率大大提高，江西境内的大片荒地得到开垦，粮食产量不断增加。据《后汉书》卷五《安帝本纪》记载：东汉安帝永初元年（公元 107 年），“调扬州五郡租米，赈给东郡、济阴、陈留、梁国、下邳、山阳。”李贤注曰：“五郡谓九江、丹阳、庐江、吴郡、豫章也。扬州领六郡，会稽最远，盖不调也”；又七年（公元 113 年）九月，“调零陵、桂阳、丹阳、豫章、会稽租米，赈给南阳、广陵、下邳、彭城、山阳、庐江、九江饥民”①。豫章郡能够拿出多余的租米救济其他地区，说明此时豫章郡的农业发展较好，粮食产量高，粮食有大量盈余。但必须注意的是，从长时期的历史来看，秦汉时期江西地区的农业还是处于较低级的状态，火耕水耨这种比较“原始”的耕种方式，在江西还是占有较大比例，特别是在人口稀少、杂树遍地的地区，人们能“食物常足”主要是由于自然的馈赠——物产较丰富。

① （刘宋）范晔．后汉书·卷五［M］．杭州：浙江古籍出版社，1998.

六朝时期，江西亦处于动乱之中，但南朝宋武帝、文帝的稳定统治，使农业生产有了恢复与发展。随着铁器与牛耕技术的不断推广，江西地区的农田面积较之前更大，产量也相应得到提高。陶渊明在其诗《归田园居五首》中，写有“桃李罗堂前”“鸡鸣桑树颠”“种豆南山下”等句。陶渊明是东晋浔阳柴桑（今江西省九江市）人，他的这几首诗就是依据在家乡生活时的所见所闻而作，生动而具体地描写了彭泽、柴桑一带的农业生产状况。此外，从此后文献对这一时期的描述中，也可知道当时的农业发展面貌。据《隋书·食货志》载：“其仓，京都有龙首仓，即石头津仓、台城内仓、南塘仓、常平仓、东西太仓、东官仓，所贮总不过五十余万。在外有豫章仓、钓矶仓、钱塘仓，并是大贮备之处”。当时全国在外的粮仓有三个，其中就有两个在江西境内，可见当时江西地区的粮食是很多的①。

至六朝时期，鄱阳湖水逐步南侵，永初二年（公元 421 年）鄡阳县被废，原本沃野千里的鄡阳平原逐渐被鄱阳湖水浸没，大片良田变为水中泽国。为了防御水患，官方和民间都开始修筑水利设施。官府修筑水利设施一般都是组织民力开展，如刘宋景平元年（公元 423 年），“（豫章）太守蔡君西起堤，开塘为水门，水盛旱则闭之，内多则泄之。自是居民少患矣”②。民间修筑的水利设施，多为地方豪强大族在满足自己灌溉农田的需求下主持修筑的，多为自发性行为，因此修筑的规模和灌溉面积无法与官修相比。

二、治水理念与方略

秦汉时期是水灾的高发期，作为大一统的皇朝，秦汉在继承先秦时期

---

① 唐长孺. 中国通史参考资料［M］. 北京：中华书局，1979.

② （北魏）郦道元. 水经注·卷三十九［M］. 上海：上海人民出版社，1984.

救灾措施的基础上，各种防洪治水思想也相应地有所发展，尤其是灾前预防是秦汉救灾中的突出举措之一，邓拓先生称之为积极预防论。这一时期的积极预防主要分为两种：一是改良社会条件，有重农、仓储等措施；二是改良自然条件，有兴建水利等措施。

（一）治水理念

据说南昌也被称为洪都，意思就是洪水之都，表明该城四周被水环绕。南昌居民常常为洪水之灾而犯愁，担心南昌会被洪水给冲走，因此他们用一颗巨大的“钉子”把南昌钉住。直到现在，依然能看到这颗巨大“钉子”的末端——绳金塔。它高耸于赣江沿岸，已守护南昌城千余年。自古就有“水火既济，坐镇江城”之说。这种抗洪精神从侧面反映了古代社会中“天人合一”“神人合一”的思想底蕴，也正是中国水文化在古代社会的体现。

（二）治水措施

1. 水利机构

先秦时期人们已经非常重视水利，并设有专门负责水利建设的官职。中央政权内主管水土工程等的最高行政长官称“司空”，如《尚书》中有记载“禹作司空”“平水土”。西周时期，中央主要行政官有“三司”，“司空”即其中之一，《荀子・王制》曰：“修堤渠，通渠浍，行水潦，安水藏，以时决塞，岁虽凶败水旱，使民有所耘艾，司空之事也”。也就是说，蓄水、防洪、灌溉、排潦等水利工作是司空的主要职责，其他先秦文献也有类似记载。西汉末改御史大夫为“大司空”，东汉又将司空和司徒、司马并称“三公”，为最高政务长官，类似宰相，虽掌管水土工程，但并非专官。三国曹魏时设水部郎为尚书郎之一，主管水政。秦汉各地山、泽、苑、池等水资源，如泉、湖、河等各设都水长、丞管理。这些长、丞隶属

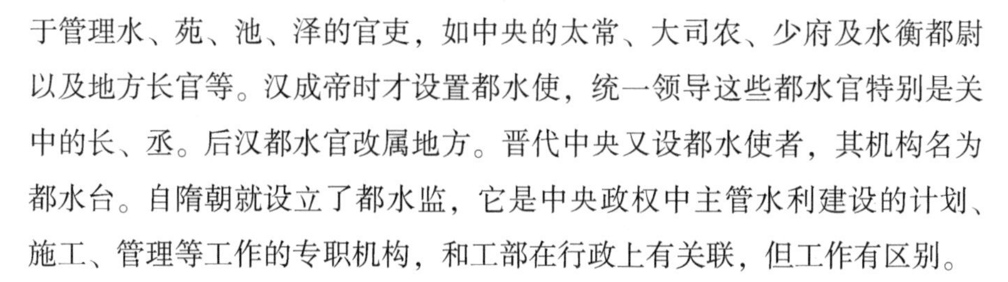

于管理水、苑、池、泽的官吏，如中央的太常、大司农、少府及水衡都尉以及地方长官等。汉成帝时才设置都水使，统一领导这些都水官特别是关中的长、丞。后汉都水官改属地方。晋代中央又设都水使者，其机构名为都水台。自隋朝就设立了都水监，它是中央政权中主管水利建设的计划、施工、管理等工作的专职机构，和工部在行政上有关联，但工作有区别。

2. 防洪工程

汉武帝时期全国掀起的大规模兴修农田水利的热潮，“用事者争言水利……关中灵轵、成国、漳渠引诸川，汝南、九江引淮，东海引巨定，泰山下引汶水，皆穿渠为溉田，各万余顷”①。这是秦汉防洪思想的集中体现，作为我国灾害发展史上重要的一个时期，能够在社会承灾能力低下的情况下积极采取措施，尽可能减少洪灾危害，而没有造成重大社会问题，已经很难能可贵了。秦汉的防洪思想对后世产生了深远的影响，如桓谭“以工代赈”的思想就为后代所传承并发扬光大②。

东汉永平（公元58—75年）年间，豫章太守张躬于南昌城南筑南塘，“周广五里”③，这是汉代“分洪”主张在实践中的应用。此后直至六朝无较大发展，至西晋永嘉四年（公元310年）罗子鲁又于今分宜县昌山峡筑堰建陂，“灌田四百余顷”④，在促进当地农业的发展的同时，“河陂”的修建也客观上起到了滞洪的作用。鄱阳湖区的圩堤修筑，见于记载的最早始于东汉永元年间（公元89—105年），当时提出“防止贡水为害”，这也是从战国时代发展而来的“挡洪”思想的直接体现。

---

① 班固．汉书·沟洫志［M］．北京：中华书局，1985.
② 高汝东．汉代救灾思想研究［D］．山东大学，2005.
③ 王象之．舆地纪胜［M］．成都：四川大学出版社，2005.
④ 乐史．太平寰宇记［M］．北京：中华书局，2008.

第四节 第三阶段：唐宋时期（高潮期）

一、经济发展历程

（一）政区建置

隋朝时期，江西经历了废郡改州，后又废州改郡的过程，并新置龙城、崇仁、大庾3县，全区共7郡24县。

唐朝是一个国运昌盛的朝代，唐初天下即显现出安定繁荣的趋势。为了国力继续发展和加强中央对地方更有效的管理，唐政府于唐太宗贞观元年（公元627年）根据自然的山川形势，把全国划分为十道，今江西省境属于江南道。“道”的出现是我国疆域史上的一个创举，它最初是一种地理区域的名称，后发展成为监察区划。唐玄宗开元二十一年（公元733年），随着经济的发展和户口的增加，唐玄宗将原十道扩充为十五道。江南道被再划分为江南东道、江南西道和黔中道。今天的江西为江南西道的主干，江西一名亦因江南西道简称而来，尔后便一直作为江西地方一级政区的名称而沿袭至今。据《旧唐书·地理志》记载，唐朝于今江西地区共有洪、江、饶、抚、信、吉、虔、袁8州37县，辖区范围同今天的江西省境基本一致。

两宋时期，整个国家政治和经济中心的南移，社会经济也得到极大的发展，江西地区路以下的二级和三级政区也得到广泛的开发。所以宋朝的1府8州68县不仅确立了今天江西省90多个地市县的基本框架，而且一经确立便稳定下来，此后州县不再减少，而是不断增加。隋朝以前那种县立而又废、废而又立的局面再也不复存在。

唐宋江西行政区划的增加，表明当时经济发展日趋繁荣。

（二）人口数值

唐宪宗元和年间（公元 806—820 年）江西共有 293120 户，全国共有 2368775 户，江西户数占全国户数比重的 12. 3%，而南宋宁宗嘉定十一年（公元 1218 年）江西共有 2267983 户，全国共有 12670801 户，江西户数占全国户数比重的 17. 9%。由此可见，至元和年间江西户数已占全国户数的 12%以上，人口短时间内大量增加，这是江西地区经济发展迅速的表现，也是安史之乱后，江西具有巨大吸引力的反映。

宋朝时，江西人口增长速度进一步加快。至南宋宁宗嘉定十一年（公元 1218 年），江西人口比唐宪宗元和年间增加了近 200 万户，其户数占全国户数的比重也增加了 5%，超越了之前的任何朝代，是江西经济迅猛发展的体现。

（三）农业

唐宋时期，江西人口延续了之前的发展势头并逐渐发展至高峰。而大量人口的出现，推动了江西的农业发展。隋唐以来，劳动力不断增加，特别是安史之乱以后，大量北民迁入江西，他们带来了北方丰富的耕种经验和技术，江西的土地得到进一步开发。而唐朝统治者的重农思想也为江西农业发展提供良好的契机。

隋唐五代以来，江西大量兴修水利，灌溉了数量众多的农田，加上灌溉技术的提升，农业快速发展。元和三年（公元 808 年），江西观察使韦丹在江南西道任职期间，在南昌东湖“筑堤五尺，长十二里，堤成”；元和四年（公元 809 年），刺史李将顺开凿李渠，灌田逾万亩；大和三年（公元 829 年），刺史韦珩在江州城东筑秋水堤以避水患。大量水利设施的兴修，使得越来越多的农田得到灌溉，水害得到一定程度的遏制，农产不断增加。社会安定，户口增加，必然促使农业稳定发展。随着北方大量人口迁入，江西的土地耕种面积不断扩大，粮产也相应增加。唐代诗人姚合曾写道："鄱阳胜事闻难比，千里连连是稻畦"；僖宗在《乾符二年南郊赦》中亦称："湖南、江西管内诸郡，出米至多。丰熟之时，价亦极贱"，说明此时江西粮产已不断增加，逐渐开始成为著名的鱼米之乡。也正因如此，统治者时常从这里调米赈济他处。元和年间，扬州、滁州等地饥荒，从江西、湖南等地调三十万石米赈济，此后又多次从江西等地调米至淮南等地。唐德宗贞元初年（公元 785 年），还因为皇宫所用粮食不足，增加江西等地的漕运数量，"浙江东、西，岁运米七十五万石，复以两税易米百万石；江西、湖南、鄂岳、福建、岭南米亦百二十万石"①。

社会经济发展稳定，粮食产量逐渐增加，江西地区逐渐成为富饶之地。吉州"户余二万，有地三百余里……材竹铁石之赡殖，苞篚纬缉之富聚，土沃多稼，散粒荆扬"②；南城"人繁土沃，桑耕有秋。学富文清，取舍无误，既状周道，兼贯鲁风。万户鱼鳞，实谓名邑"③。这一切都显现了江西农业生产兴旺繁盛之景象。

隋唐五代以来江西农业迅速发展，促进江西经济的勃兴，为其后来的繁盛打下了坚实基础。

在宋朝，江西广开梯田，土地耕种面积再一次大量增加。乾道末年（公元 1173 年），范成大在去广西的途中，游至宜春仰山，记有："闻仰山之胜久矣，去城虽远，今日特往游之。二十五里，先至孚忠庙……出庙三

① （宋）欧阳修、宋祁．新唐书·卷五十三［M］．北京：中华书局，1975.
② （清）董诰等．全唐文·卷六百八十六［M］．北京：中华书局，1982.
③ （清）董诰等．全唐文·卷八百一十九［M］．北京：中华书局，1982.

十里至仰山，缘山腹乔松之磴甚危。岭岅上皆禾田，层层而上至顶，名梯田”①，描绘了满山尽是层级而上的梯田的壮观景象，可见宋代江西梯田数量之多。梯田增多，粮食产量随之增加。

二、治水理念与方略

唐朝时期，彭蠡湖扩张，不仅影响了湖泊蓄洪、泄洪功能，而且连带注入彭蠡湖的赣水、余水、鄱水水位被抬高，水灾相对频繁。但因当时封建王朝提倡防洪机制，因此防洪水利建设有了较大的发展。国家除了通过完善仓廪制度、兴修水利工程、减免税赋等措施来应对水灾之外，君主还会通过下罪己诏、减膳、禳灾、因灾虑囚等方式，来希求减少灾害。

（一）治水理念②③④⑤⑥

隋唐时期，为了应付洪水及其他灾害，修筑了大量防灾工程。唐中期以来，随着鄱阳湖区农业开发逐渐广泛、深入，其日益成为封建王朝的财赋重心之一。因此，朝廷更加重视本区的水利建设。与此同时，受当时诸如“旱由政不修”等灾异思想影响，以下措施也是皇帝必做的功课：减膳、彻乐、避正殿、求直谏、亲自或命群臣祷神减灾、因灾虑囚，还有其他如停不急之务、祭祀名山大川、大赦、出宫人、罢宴、降低百官俸禄、改元，等等，在当时已经形成了一套完整、详细、有序的禳灾礼仪模式。

---

① （宋）范成大．骖鸾录［M］．上海：商务印书馆，1936.
② 谢旻．江西通志［M］．南昌：江西省博物馆，1985.
③ 欧阳修，宋祁．新唐书·地理志［M］．北京：中华书局，1975.
④ 欧阳修，宋祁．新唐书·韦丹传［M］．北京：中华书局，1975.
⑤ 徐链．袁州府志［M］．台北：成文出版社，1964.
⑥ 王安石．临川文集［M］．文渊阁，第1105册.

五代、北宋时期，随着全国经济重心由黄河流域移向江南，鄱阳湖区开发更盛。两宋时期洪灾频发，防洪思想大体分流为两种主要学说。其中积极的一种是以王安石为代表的唯物主义灾害观，认为“天”是自然的、物质的，包括洪水在内的天变灾异是“天道”运行的表现，“尧汤水旱，奚尤以取之邪?”在“天”与人的关系上，王安石坚信“人定胜天”，他认为只要发挥人的主观能动性，无事不成，即所谓“有待于人力而万物以成”。这种学说拥有众多的支持者，表现为政府更加重视建设仓储设施等一系列防灾政策、措施的出台。另一种是主张“不与水争地”以消除洪灾隐患为目的的滞洪思想，也就是在进行国土规划时，为滞留江河湖泊的洪水留有较大的余地。在大河两旁不设堤防，在河畔低洼地区筑堤成泽，作为河道的滞洪水库，或者在大河两旁修“河陂”以滞洪。此外，始自西汉的改河道以减洪患的防洪思想在宋代也有所发展。陂塘堰闸等大型灌溉工程得到推广与兴建，与此同时，临近河湖地段堤坝的修建也日臻完善。

（二）治水措施

1. 治水机构

唐宋时期设有专门的水部来主持河流防护工作，同时也非常重视沟渠的疏导与河堤的加固。据《旧唐书·职官志》载，中央的工部设有水部郎中和员外郎，“掌天下川渎、陂池之政令，以导达沟洫，堰决河渠，凡舟楫溉灌之利，咸总而举之”。此外，还有都水监的都水使者，具体掌河渠修理和灌溉事宜。唐朝颁布的《水部式》，收录了有关灌溉管理的诸多法令条文，表明唐代的农田水利管理已规范化、制度化。唐代州郡的税收中的“留州”部分，可以支用于兴修水利。宋代王安石为富国强兵，力主大兴水利，颁布农田水利法，使鄱阳湖区水利的开发得到了更大发展，一时间“四方争言农田水利，古陂废堰，悉务修复”。

2. 治水措施

唐代各道观察使与各州刺史都是朝廷在地方上的代表，因此江西水利的兴建工作往往由观察使、刺史来主持，如景云（公元710—712年）、建中（公元780—783年）年间鄱阳县亦开岭建堤，总体在时间上呈现出前期少、中后期多的特点。建中元年（公元780年）饶州刺史李复于鄱阳县筑堤以捍长江之水，称为李公堤；其县东北处的邵父堤、马塘、土湖亦唐时所建。元和年间（公元806—820年），韦丹任江西观察使，大兴水利，于本区修成陂塘所，同时“筑捍江堤，长十二里……以疏暴涨”，兼备防洪、排涝之功能。元和三年（公元808年）南昌县建成富有圩，此为开发湖田之事首次见于文献记载。次年，袁州刺史李顺于宜春县西南开渠，引仰山水入城，兼行灌溉，人称“李渠”；同时又筑成官陂、州陂、沙陂与李渠相接。长庆二年（公元822年）江州刺史李渤于浔阳县筑甘棠湖堤，立斗门，以蓄泄水势。会昌二年（公元842年）浔阳城东、西又分别筑成秋水堤和断洪堤，“以窒水害”。咸通元年（公元860年）都昌县令陈可夫于县南筑塘阻水，人称陈公塘。由于这些水利工程的兴建，扩大了土地利用范围，粮食产量有了提高。不过，就上述工程分析，绝大多数为陂塘且分布于山地丘陵，在临近江湖的平原地带主要是筑堤防水，对低洼地区和河湖滩地的圩垦还仅仅是开始。

宋代的水利建设以浚塘、堤防工程为主。据《宋史》载，江西境内有荒熟田47万多顷，“本朝东南漕米六百万担，江西居三分之一”，可见这些工程对防治水灾和发展农业生产起到了积极的作用。宋朝时的大型堤坝已使用了石堤，并以粥、灰泥填缝，辅以闸门控水，如北宋前期洪州知州程师孟率众在唐代章江（赣江）大堤（已溃坏）基础上修筑石堤，并“浚章沟，揭北闸，以节水升降，后无水患”。北宋嘉祐年间（公元1056—1063年）赣州代知州孔宗翰“伐石为址，冶铁锢之”，这种以石和铁为材料修筑护岸堤的建筑技术已经相当先进，所建成的堤岸十分坚固。元祐年间（公元 1086—1094 年），星子县在城西南修筑防浪堤，设木栅为障，以泊船避风；崇宁年间（公元 1102—1106 年）将木栅改为石堤（称南康星湾石堤，宋时称紫阳堤），计长约 383 米。此外，具有灌溉、分洪、引用等多种功能的宜春水渠，经多次精心浚治整修，从北宋至道（公元 995—997 年）到南宋宝庆（公元 1225—1227 年）的 230 年间一直为人们所用。元祐六年（公元 1091 年），张商英为江西路转运使时，曾对抚河进行疏凿，以通运道，因水势荡沙，不时又壅塞。

第五节　第四阶段：元明清时期（鼎盛期）

一、经济发展历程

（一）政区建置

元朝统一全国之后实行行省制度。行省制度虽然可以追溯到魏晋时期的行台制，但作为地方行政区划制度在全国范围内实行却是元朝的一大业绩。

明朝时期，江西政区在承袭前代的基础上略有发展，增万年、兴安、安义、泸溪、东乡等县，全省共 13 府 78 县。清朝增置莲花、虔南、铜鼓 3 厅，升宁都县为省辖直隶州，除祁门、婺源属安徽省徽州府外，其他诸府及宁都州分辖 1 州、4 厅、75 县皆属江西省。

（二）人口数值①②

明神宗万历六年（公元 1578 年），江西有 1341005 户，共 585902 人，全国有 10621436 户，共 60692856 人，江西户数占全国户数比重的 12.6%，清嘉庆二十五年（公元 1820 年），江西有 4379629 户，共 25126078 人，全国有 4896233 户，共 388245519 人，江西户数占全国户数比重的 8.9%。南宋宁宗嘉定十年（公元 1218 年），江西有 2267983 户，而明万历六年（公元 1578 年）只有 1341005 户，户数减少近百万。江西地区户数减少，与土地大量被兼并，农民无田可耕，进而逃匿山区有着巨大联系。据地方志记载，“时兵戈甫息，民多散亡，官民廨宇，鞠为茂草”，“民多逃徙，产为豪右所得”。此外，明朝新置的东乡、安义、崇义、横峰、资溪等县都在山区，充分表明明朝时江西农民无田可耕，故而脱籍隐匿，逃入山区的情况，因此官府掌握的户数呈下降趋势则可以理解了。经历了初期的战乱与大规模军事行动之后，江西人口在清朝时期逐步恢复与发展。康熙五十一年（公元 1712 年），“盛世滋生人丁，永不加赋”的政策推行后，江西人口又大量增加。自康熙五十一年以后，人口剧增，大量涌进山区，开发了山区经济，清朝新置的莲花、全南、铜鼓三个县级厅全在山区，说明这一时期，人口数量增多，平原地区人口压力过大，因此不断有人前往山区，开垦山地，繁衍生息。不仅如此，数量众多的闽粤人口迁入，也使江西的人口数量大大增加。

---

① 正德《南康府志》，卷六，《名宦·吕明》，据天一阁刻本影印.

② 正德《南康府志》，卷六，《名宦·陈元宗》，据天一阁刻本影印.

（三）农业①②③④⑤⑥⑦⑧

明清江西农业在前代基础上不断发展。随着大量闽广流民进入江西，江西山区、湖泽地带的开发进程不断加快。这些流民“携家逃来，投为佃户……种伊田土”，大量涌入山区开垦土地，从事水稻种植业和经济作物的栽培。这一阶段的水利修筑，数量越来越多，极大地促进了农业的发展。据光绪时《江西通志》卷六记载，南昌圩堤自明代已增至一百三十余所，富有圩和大有圩为其中规模最大的；据同治时《鄱阳县志》卷四《水利》记载，鄱阳县在明代亦有南湖圩、道汉湖圩等十余所圩堤；余干县在万历以前有圩堤 24 条，“绵亘二百余里，以除水患”。清朝时期，鄱阳县境内圩田在明代 21 条的基础上，新筑 51 条，再围田 146083 亩。圩堤的修筑，不仅可以防御洪水，而且可以围垦草滩洲地，扩大种植面积。明代的大有圩有田数千亩，其他大小圩的堤田数也不少，清代围田数额动辄上千万亩，圩堤的大量修筑是防洪与开拓耕地的共同要求。

而水稻品种增多，粮食产量又得到提高。据许怀林先生依地方志统计，江西农民栽培的水稻品种，计有早稻 28 个、中稻 26 个、糯稻 28 个、晚稻 5 个、旱谷 3 个，合计 90 个品种。这么多的水稻品种满足了日益增长的人口对粮食的需求。在清朝，江西仍有大量粮食外运，汀州“山多田

---

① （清）张廷玉等．《清朝文献通考》卷 19，《户口》一．

② （明）戴金 奉敕．《皇明条法事类纂》上卷“禁约侵占田产例”．

③ 道光《余干县志》卷十九，李光元《直指田公捐金筑堤碑记》．

④ 许怀林．明清鄱阳湖区的圩堤围垦事业［J］．农业考古，1990（01）：198-206．

⑤ 许怀林．江西史稿［M］．南昌：江西高校出版社，1993．

⑥ （清）卞宝弟．《闽峤輶轩录》卷二．

⑦ 铅山县志编撰委员会．铅山县志［M］．海口：南海出版社，1990．

⑧ 康河．赣州府志［M］．南昌：江西人民出版社，2019．

少，产谷不敷民食，江右人肩挑背负以米易盐，汀民赖以接济”。由此说明，至清朝，江西依然是重要的粮产供应地，粮食产量稳居高位。

明代江西的茶叶生产也有了进步，宣德、正德年间（公元1426—1521年），铅山精制出小种河红、玉绿、特贡、贡毫、贡玉、花香等优质名茶。婺源茶农还生产出炒青绿茶，这种茶一出现，便受到大家的欢迎，广为流传并发展至今。清朝，茶叶方面的最大成就是成功地制作红茶。铅山县的河红，颇受大家喜爱，人们争相购买。铅山县河口镇盛时有茶行四十余家，是江西茶叶市场兴盛的表现。此外，江西的河红、婺绿还大量出口，深受好评。

明清以来，棉花种植规模不断扩大，九江府是棉花的主产地，赣南的一些县里也有棉花，但规模不如九江，据乾隆时《赣州府志》载：“棉布各邑都有，而龙南、定南尤多。织木棉布或被袄巾带之类，贸于四方。棉花本地所产，不甚广。”

由于江西夏布的兴盛，明清江西苎麻种植规模也不断扩大。加上大量闽人迁入江西山区“赁山种麻”，大大提高苎麻产量。宁都州“风俗不论贫富，无不缉麻之妇女。乃山居虽亦种苎，而出产尤多”等。

二、治水理念与方略

（一）治水理念

元代是北方少数民族政权，因此儒学的独尊地位和它的思想统治力量较前代受到了严重的削弱，但正统儒学还是得到了尊重，天人感应的灾异学说不再占有绝对的统治地位。元初每当灾害来临之际，一者由于政府慌张无措，再者由于百姓迷信鬼神，于是各种宗教灾害观就流行起来并为统

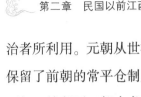

治者所利用。元朝从世祖时期开始，才有了正式的防洪治水的制度。元朝保留了前朝的常平仓制度，路府置常平仓，乡社置社仓、义仓。元朝不过百年，就留下三部农书和两部救荒书，都注重实用技术，体现出以精耕细作提高农业产量来防洪救灾的思想，此外还提倡扩大农作物种植面积，以提高粮食和经济作物的产量，从而提高抗灾的能力。王祯的《农书》里还有一节专门论述水灾救治的大致方法，极力提倡使用合理的田制、耕作技术、兴建水利和先进工具，同时还提出了合理的仓储思想。王祯认为“救水荒之法，莫若柜田……种艺其中，水多浸淫，则用水车出之，可种黄穋稻，地形高处，亦可陆种诸物”。为防水灾，王祯还针对鄱阳湖区这样的水泽比较多的地方，提倡围田、柜田；在湖泊岸边提倡涂田、架田、沙田；在丘陵山地提倡梯田。他还认为国家有义务修建大的水利项目，如筑堤、修渠，同时百姓也应当努力修筑陂塘、修缮农具等。可见，元代农学家们的防洪救灾思想有了长足的进步，对防洪治水实践提供了指导性作用。另外，王祯在《农书》中曾对修筑堤坝的作用和技术做过记叙：“间有地形高下，水路不均，则必跨据津要，高筑堤坝汇水，前立斗门、瓦石为壁，垒木作障，以备启闭。”斗门开启时以灌溉，关闭时以防潮、防洪，可以说为当时预防洪水灾害提供了新的思路。

在防洪方面，明清时期被称为我国自然灾害的“灾害群发期”，这一时期鄱阳湖区的洪水灾害，无论是从次数上还是从危害上来说都是前所未有的。众多湖汊的形成导致其周边地区在汛季容易被淹没。因此，在吸收前代防洪思想的基础上和社会发展需要的促使下，明清时期的防洪政策以救荒思想占主导位置，主要有仓储备荒思想、发展经济备灾思想、祈禳思想、沟洫治河思想以及植树造林减灾思想。

在治水方面，明代曾有“分流”与“合流”之争。从明初到嘉靖年间，主张分流观点的人认为分流可“以杀水势”来消除水患，并进行了相

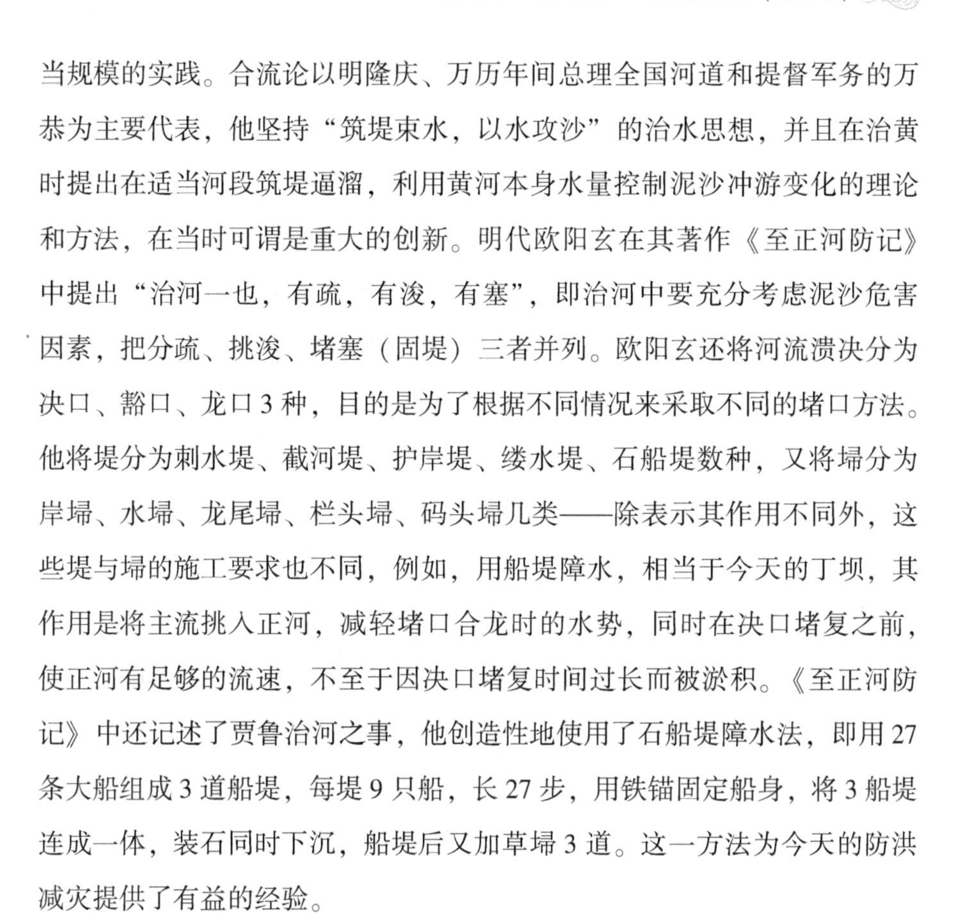

当规模的实践。合流论以明隆庆、万历年间总理全国河道和提督军务的万恭为主要代表，他坚持“筑堤束水，以水攻沙”的治水思想，并且在治黄时提出在适当河段筑堤逼溜，利用黄河本身水量控制泥沙冲游变化的理论和方法，在当时可谓是重大的创新。明代欧阳玄在其著作《至正河防记》中提出“治河一也，有疏，有浚，有塞”，即治河中要充分考虑泥沙危害因素，把分疏、挑浚、堵塞（固堤）三者并列。欧阳玄还将河流溃决分为决口、豁口、龙口3种，目的是为了根据不同情况来采取不同的堵口方法。他将堤分为刺水堤、截河堤、护岸堤、缕水堤、石船堤数种，又将埽分为岸埽、水埽、龙尾埽、栏头埽、码头埽几类——除表示其作用不同外，这些堤与埽的施工要求也不同，例如，用船堤障水，相当于今天的丁坝，其作用是将主流挑入正河，减轻堵口合龙时的水势，同时在决口堵复之前，使正河有足够的流速，不至于因决口堵复时间过长而被淤积。《至正河防记》中还记述了贾鲁治河之事，他创造性地使用了石船堤障水法，即用27条大船组成3道船堤，每堤9只船，长27步，用铁锚固定船身，将3船堤连成一体，装石同时下沉，船堤后又加草埽3道。这一方法为今天的防洪减灾提供了有益的经验。

（二）治水措施

1. 治水机构

明清政府在工部下设都水清吏司，简称都水司，主管官为郎中，助手为员外郎及主事。明清废除都水监，施工维修管理等任务划归各流域相关机构或各省，中央指派工部管理行政。另外有中央派给地方的水利官吏，如总理河道、河道总督等常职；地方水官系统有水利通判、水利同知等。还有官员非水官而职责却是专司水利的，如清代各省的道员；亦有中央非水利部门的官吏也可派往地方管水利，但往往为临时差遣，如明代的监察御史、给事中，以监察职能过问水利；明之锦衣卫能以内务警察身份过问河事等；更有长江、黄河等大规模工程需军队维持秩序或参与劳役，则有武职系统的官吏。明清漕运及管河有专业军队及武官系统，且清代的总督河道多由兵部尚书任职。明中期以后，由于地方财政日益困乏，政府相继放弃了很多原来的行政职能，尤其是把包括水利在内的各种地方公共事务的相关权力下移到地方士绅及宗族，地方政府只参与一些较大的水利工程，其他的则由士绅组织乡民筹措经费自行修筑、管理。地方人士参与及主导地方水利的记录大量见于各府县地方志和族谱中。清代从政府到民间都重视水利修建。乾隆二十三年（公元1758年）江西省各分巡道、府州县佐官普加水利衔，以加强水利建设，并取得较好的成效。

2. 治水措施

明清时期，围绕鄱阳湖区的开发，江西水利事业得到了空前的发展——无论是工程的规模，还是数量均大有增加，如南昌、新建二县的圩堤，明弘治十二年（公元1499年）为108处，万历十四年（公元1586年）为312处，万历三十六年（公元1608年）增至345处，康熙时更增至631处，约为明弘治时的6倍①。其他各府县陂塘数均有较大的增加。

（1）防洪排涝工程和技术

明代鄱阳湖区较大的堤垱工程有九江的甘棠堤、进贤的丰乐圩、新城的蛇丝陂、南昌的章江堤和澌堤等。陂塘在蓄水、防止山洪等方面发挥了重要作用。明代湖区的水利建设以修筑堤防为重点，防洪排涝以及堤工、护岸、水闸等修筑技术均有所提高，如宋代星子县紫阳堤至明正统时，堤石被洪水冲毁约十之二三，正统元年（公元1436年），知府翟溥福主持对原石堤进行修复。明景泰五年（公元1454年），南康郡守陈敏政再次整修

① 白潢．西江志［M］．台北：成文出版社，1989.

星子县船坞石堤，于景泰七年（公元 1456 年）竣工，除堤身长宽如旧规模外，另加高 3 尺，“远而望之，宛若一城屹立于巨湖之滨，以扼洪涛而障巨浪，居舟行楫，咸得栖泊，而无风涛之险①”。此堤修筑时使用石材，并炼石为灰，煮糯为粥，两石之隙，灰粥胶之，俾坚若一。这种灰、粥混合物是比较先进的石缝黏结材料，有效地提高了石堤的强度。嘉靖三年（公元 1524 年），鄱阳知县徐俊民主持鄱阳港东湖堤的修筑工程，建石堤一道，并保留原钓桥、画桥，以达到“随时以消其溢”和船只通过桥孔出入运输之目的。万历四年（公元 1576 年）江西巡抚潘季训命九江府修筑的九江桑落洲堤长 8400 余丈，沿堤植柳数十万棵，堤外当冲处布桩卷埽，以减少洪水对险段的冲刷，堤内开渠导渍，其后万历十四年（公元 1586 年）又运用卷埽技术堵口复堤。万历四十年（公元 1612 年），在九江港西城堤重筑工程中，采用条石垒砌堤身，在原有单筑石级的基础上再内外培广增高，堤口为南湖尾间，建有吊桥一座，船艘可以衔尾出入。弘治十二年（公元 1499 年），延袤 40 余里的大有圩修筑时，建成牛尾岭石闸以防洪泄渍，这种闸门耐冲击力较强。

清朝时期，湖区围湖造田的大量出现大大缩小了江河湖泊的行洪面积，由此修堤防洪成了湖区的头等大事，对旧有圩堤在修缮的基础上不断加高加大，同时新建大量小圩堤，并逐渐连成一体，主要有鄱阳湖堤防工程、长江堤防工程、赣江下游堤防工程、抚河下游堤防工程，等等。圩堤一般为土堤，险段、城镇及其附近建有石堤、石埽，“其患口急者堵以石，缓者堵以土，而湍捍扼要之处则用石埽以截之②”。但土堤修筑时往往未清基、未夯压，堤身内有屋基、阴沟、坟墓和废旧涵管等，因此堤基大多覆盖土层薄、强透水层厚，也有险段筑坚实土堤。而石坝修筑往往先筑草坝

---

① （明）陈敏政《紫阳堤记》.

② 丰城县志编撰委员会．丰城县志［M］．上海：上海出版社，1989.

以减少修堤坝处的存水量，在堤工完成后兼作护堤。为加强抗洪能力，丰城等地将石堤、石埽相结合，其修筑方法是“先于圮岸堑土另平，市长木为桩相挤钉之而齐其顶，木之罅处以碎石和灰筑之，使坚平如布石然。然后斫石务方，麟接垒砌，如是者，根植固矣。犹恐其外倚也，用巨锚七星列石砌中，用其叉内挽石，而铁绳贯其端，维之以柱。用其心精密，宜万事巩固①。”为加强防洪排涝，河道疏浚工程有所增加，工程技术基本沿袭明代，但由于缺乏整体规划、政府投入不足，水灾依然频繁。

（2）圩堤与圩田

江西地区土地肥沃，历来都是鱼米之乡，耕作技术普遍高于山区。千百年来，农民与水争地，筑圩围田的努力从没有停止过，至明朝时更是超过前代。据《南昌县志》载：“南昌圩堤自明代已增至130余所②。”圩堤是明清时期鄱阳湖区防水、垦辟、保护田地的常见工程，起到了防洪卫田、保护生命财产安全的作用，也扩大了耕地面积。明代时鄱阳湖流域还出现“联圩”，即系统堤防。据载：“（五圩）跨南、新二邑，属之粮以万计，下联四十八圩③。”堤防的修筑加固和连贯系统，能有效地控制河水漫流，引水归槽，保护大片农田，同时对约束河身、束水攻沙、减少演变范围、刷深航道都具有积极的作用④。

（3）整治河道

明代前期的治河思想中分洪占主导地位，认为“治遥堤不如分水势⑤”，如开浚抚河支流鳌溪河，分洪的同时改善了通航条件；万历年间

---

① （光绪）《江西通志水利一》卷62.

② 南昌县志编撰委员会．南昌县志［M］．北京：方志出版社，2006.

③ （明）万恭，牛尾闸碑.

④ 沈兴敬．江西内河航运史（古、近代部分）［M］．北京：人民交通出版社，1991.

⑤ 陈振．宋史［M］．北京：中华书局，1985.

（公元1573—1620年），瑞昌瀼溪河重浚工程，改变了原规划错误地将原围绕县城边的河道堵塞，另开辟新的河道的做法，并重新疏通旧河。永乐八年（公元1410年），时任同检讨官的吉水人王称向朝廷上疏请凿赣江通南北，首议赣粤运河设想。这一设想虽然未能付诸实施，但在当时能提出如此大胆的河道工程建议实在难能可贵。

清代河道整治的方法主要有围堵河港湖汊、疏浚河道、筑坝截沙和引流排涝等，具体应用一种或兼而有之，在防洪排涝中发挥了重要作用。湖区湖汊众多，洪水来临往往行洪不畅，而通过河港湖汊倒灌，形成内涝，故须围堵河港湖汊、筑堤设闸。乾隆年间，新建县将赣江边的牛家湾、象湖港、胡家河、黄鳝港的进出口堵塞，并修筑丰实等圩堤。河道疏浚主要用于支流小河，疏浚大致分为清淤、拆除河道建筑物等，清淤多在枯水季节进行，“操镘畚土，产其垢，浚其源①”。土作工程量大，技术落后。筑坝截沙则是当时保障行洪畅通的科学措施之一，其具体方法是将河内淤泥挑浚固堤，在上游筑坝“堵截泥沙”②。山塘湖泊则多以引流的方式达到排涝目的。例如，星子县蓼花池南因庐山之水北入鄱阳湖，常遭淤塞，清代屡开新口以引流，虽除一时之患，但由于植被破坏严重以致无法根治。

（4）水土保持

明朝到清朝前期，土地开垦和经济的发展给鄱阳湖区造成了严重的水土流失，“棚民开垦之勤，稻畦、竹林与山俱上，桑麻鸡犬如在云端。然而地方尽开，山皮亦破，骤而冲击，往往淤塞良田、填高河路③”。在修水，“河流改道，水患日深，圩堤冲塌，一望泥沙，其已成田亩而就淤塞

① （光绪）《江西通志水利一》卷62.

② （光绪）《江西通志水利二》卷63.

③ （清）李祖陶，《东南水患论》皇朝经世文续编，卷93.

者①”。星子县挖掘陶土，“堵水淘洗，七分成沙，土渣堆积成山，一遇天雨冲激下流，不但港堰俱塞，两岸田亩亦俱被淤②”。至道光年间，湖口县的鄱阳湖通往长江的出水口竟淤积出一洲，甚至石钟山也绝响了，严重地影响洪水宣泄。雍正八年（公元1730年），南康知府董文伟在疏浚蓼花池的同时，首用生物措施治沙，进行水土保持，取得了良好的效果，其“购买蔓荆百石，遍种沙山，禁民采取。数年以后，蔓草缠绵，庶无沙淤沟道之虞③”。但乾隆年间因官禁渐弛，蔓荆为当地民众乱伐，导致飞沙又起，水口淤塞。道光年间，星子县在蓼花池建拦沙坝以防飞沙淤塞水口，取得了一定的成效。

（5）水文观测

清末，被西方帝国主义攫取的九江海关设立测候所，于光绪十一年（公元1885年）开始观测九江的降水量；光绪三十年（公元1904年）又用水尺观测九江段长江水位，成为江西用近代科学方法观测水文的开端。

第六节 历代治水思路与措施的启示

防洪治水在中国是一个古老的话题，中华民族的水利史充分展示了中国人民的智慧和勤劳。对于江西来说，水灾自古以来就是对社会生产和生活威胁最大的灾种，古代人民在抵抗洪灾的过程中逐渐形成了丰富的防洪治水思想，历代统治者为了确保社稷稳固也非常鼓励防洪理论的发展、推动治水方略的施行。俗话说：“以史为鉴，可以知兴替”，作为一个有着五

① 谭鸿基．《建昌县乡土志实业志》卷12.

② （同治）《南康府志物产》卷4.

③ （清）易平《重浚蓼花池议》江西官报，光绪三十年，第16期.

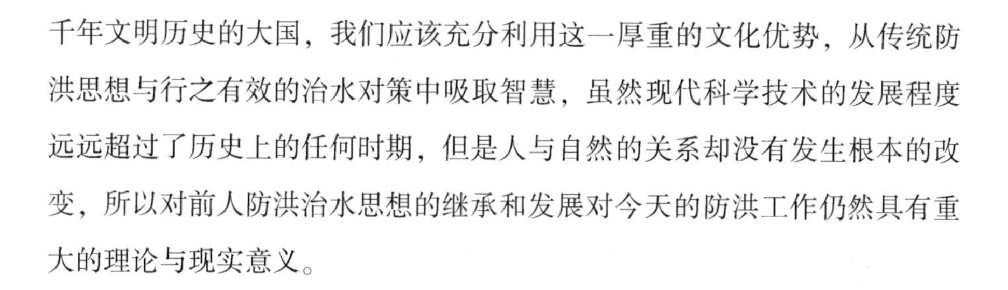

千年文明历史的大国，我们应该充分利用这一厚重的文化优势，从传统防洪思想与行之有效的治水对策中吸取智慧，虽然现代科学技术的发展程度远远超过了历史上的任何时期，但是人与自然的关系却没有发生根本的改变，所以对前人防洪治水思想的继承和发展对今天的防洪工作仍然具有重大的理论与现实意义。

一、备灾思想

纵观江西历代防洪思想与治水举措，大多重视仓储制度的建立和完善，其原因归根结底是古代社会对洪水的防御和抵抗水平不高，社会和民众的承灾能力低下，一旦水灾来临，会造成严重的社会危害。于是古代统治者多重视储粮备灾，以期减轻洪水带来的灾难性后果，稳定统治秩序。近代以来，随着人类控制自然的能力和社会进步程度的提升，“仓储”这种原始的“备灾”方法慢慢地失去了原本重要的地位，功能也逐渐淡化。但是仓储制度背后蕴含的早期人类“有备无患”的防洪思想却并没有随之凋零。相反的，人们更加注重对备灾的思考和发展，比如近代以来尤其是中华人民共和国成立之后地区行政机构越来越重视对鄱阳湖区、鄱阳湖流域乃至整个长江中游地区的圩、堤、堰塘等水利工程建设的规划工作；同时，随着科学技术突飞猛进的发展，一套先进的洪灾监测、预警和应急响应管理体系系统，已经在湖区的洪涝灾害监测与防汛抗旱总体指挥等方面得到广泛应用；另外，近几年来非常热门的洪灾保险制度和防洪基金可以说是随着社会经济体制的发展应运而生的“备灾思想”的延续，不仅可以使洪灾的风险在时间和空间上分散开来，而且在降低政府洪灾投入的同时加大救灾力度。这些都是备灾思想在不同时代下的演化和发展，是防洪思想体系中不可或缺的重要部分。

二、治水思想

细数江西历代防洪治水思想，大致有修堤筑坝的“挡洪”思想、疏浚河湖的“分洪”思想、修建河陂水库的“滞洪”思想、注重河湖上游水土保持的“治本”思想，以及近代以来上拦下排、蓄泄结合的“综合治水”思想，历代这些不断继承和发展的治水思想形成于特定的历史条件和政治经济水平之上，我们不能忽略其形成的历史背景而笼统地说哪种好、哪种不好，我们要做的是分析各种治水方略发挥最大功效的情况以及在当代社会如何科学地运用这些思想精髓为我所用，并结合其他配套措施达到防洪的目的。

三、防洪治水的生态性

历代江西政府都颁发过“禁山”的诏令，而在防洪措施方面，早在清朝雍正时期，星子县就以蔓荆固沙的生物措施作为辅助手段来减轻河道泥沙淤积从而达到泄洪的目的——这是早期人们运用自然的特性来防洪治河的体现。明清时期，圩田的大规模开发，在防御水灾的同时智慧性地解决了人地矛盾的尖锐冲突，也可以说是生态性的体现。近年来，生态性的原则越来越为人们所重视，20 世纪 90 年代以来国家和长江水利委员会等水利机构对水土保持工作的高度重视以及 1998 年大洪水之后国家推行的“平垸行洪、退田还湖”政策，都蕴含着防洪治水的生态性原则的深刻内涵。

四、洪灾的社会属性

查阅江西历史时期洪灾的情况后，我们不难发现，近代以来洪灾发生

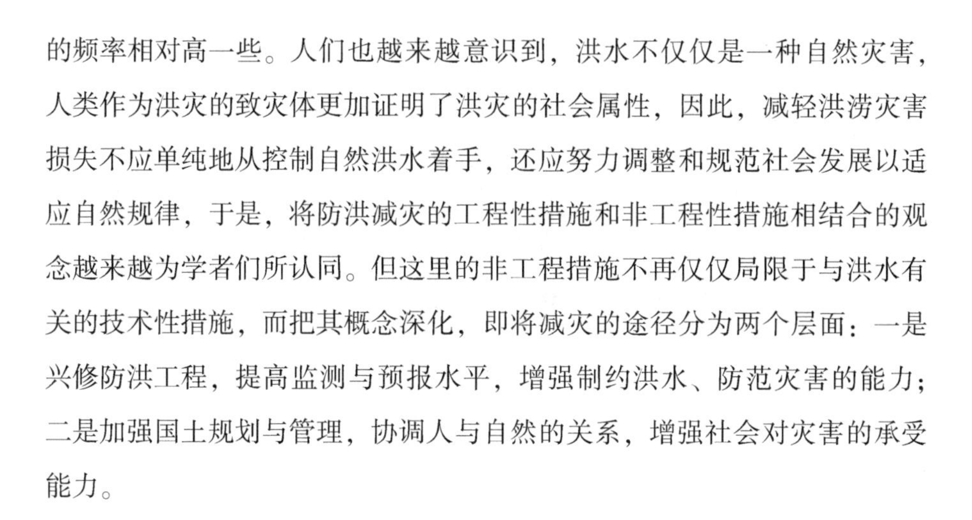

的频率相对高一些。人们也越来越意识到，洪水不仅仅是一种自然灾害，人类作为洪灾的致灾体更加证明了洪灾的社会属性，因此，减轻洪涝灾害损失不应单纯地从控制自然洪水着手，还应努力调整和规范社会发展以适应自然规律，于是，将防洪减灾的工程性措施和非工程性措施相结合的观念越来越为学者们所认同。但这里的非工程措施不再仅仅局限于与洪水有关的技术性措施，而把其概念深化，即将减灾的途径分为两个层面：一是兴修防洪工程，提高监测与预报水平，增强制约洪水、防范灾害的能力；二是加强国土规划与管理，协调人与自然的关系，增强社会对灾害的承受能力。

五、防洪法律体系的必要性

在封建社会，统治者为了维护其专制统治也十分重视防洪治水。历代都会制定相关的水利政策和防洪制度，并在总结经验的基础上不断加以完善，尤其是在政治清明、经济繁荣的大一统时期，法规政令的制定和实施相当严明，但是历朝历代都会出现政令不畅、有令不行和个别官员贪污腐败的现象。中华人民共和国成立以来，江西省不断完善各级各类防洪主管部门建设，同时加强立法建设，迄今为止已经能够满足湖区防洪减灾工作的需要，也将防洪减灾事业逐渐导入法制化的体系之中。但翻阅历史，再借鉴西方防洪建设相对完善的国家的经验，我们有必要继续建立健全防洪法律法规体系，为依法防洪和依法管理提供必要的依据；强化监督和执法手段，有法必依、执法必严，促进防洪管理法制化和规范化。

第三章 江西省古代水利工程的分布规律与空间特征

江西省现今下辖南昌、抚州、赣州、吉安、景德镇、九江、萍乡、上饶、新余、宜春、鹰潭 11 个设区市。省内常态地貌类型以山地、丘陵为主，山地占全省面积的 36%，丘陵占 42%，平原占 12%，水域占 10%。主要山脉多分布于省境边陲，东北部有怀玉山，东部有武夷山，南部有大庾岭和九连山，西部有罗霄山脉，西北部有幕阜山和九岭山。境内水系发达，河流众多。赣江、抚河、信江、饶河和修河五大河流为省内主要河流，纵贯全区，五河来水汇入鄱阳湖后经湖口注入长江。境内水系主要属长江流域的占 97.4%，其中绝大部分属鄱阳湖水系（江西境内鄱阳湖水系的集水面积为 15.67×10^4 平方千米），珠江流域的占 2%，有约 285 平方千米面积属东南沿海的钱塘江及韩江流域诸水系。

通过大量的古文献查阅和整理，通过对比，我们发现清雍正十年（公元 1732 年）编撰的古文献《江西通志 · 水利》中的记载最为翔实，具有很好的代表性。因此，本章重点对古文献《江西通志 · 水利》（雍正十年）

中记载的古代水利工程进行全面梳理，并按照现今江西省的区划对那个时期古代水利工程的数量、规模、功能种类及地理位置等进行分类统计分析，以了解当时古代水利工程的分布规律及空间特征。

第一节　各设区市古代水利工程的分布情况

一、南昌市

（一）地理位置

南昌市地处江西中部偏北，赣江、抚河下游，鄱阳湖西南岸，位于东经115°27′至116°35′、北纬28°10′至29°11′之间。东连余干、东乡，南接临川、丰城，西靠高安、奉新、靖安，北与永修、都昌、鄱阳三县共鄱阳湖。南北长约112.1千米，东西宽约107.6千米，总面积为7402.36平方千米，占全省总面积的4.4%，下辖6区3县。

（二）地势地貌

全境山、丘、岗、平原相间，其中岗地低丘占34.4%，水域面积达2204.3平方千米，占29.78%，在全国省会以上城市中排在前三位。全境以平原为主，占35.8%，东南相对平坦，西北丘陵起伏，水网密布，湖泊众多。王勃在《滕王阁序》中概括其地势为“襟三江而带五湖，控蛮荆而引瓯越”。

（三）水系

全市水网密布，赣江、抚河、锦江、潦河纵横境内，湖泊众多，有军山湖、金溪湖、青岚湖、瑶湖等数百个大小湖泊，市区湖泊主要有城外四湖：青山湖、艾溪湖、象湖、黄家湖（含礼步湖、碟子湖），城内四湖：东湖、西湖、南湖、北湖。城在湖中，湖在城中。

通过梳理《江西通志·水利》中水利工程情况，南昌市的古代水利工程共1100余处，其中陂、塘、堰、圩四类水利工程占比分别为19%、37%、6%、33%，见表3-1和图3-1。

表3-1 南昌市（雍正十年）古代水利工程数量统计表

工程类别	陂	塘	堰	圩	湖	垱	港	闸	垾	堨
数量	214	414	66	374	16	12	5	5	4	19

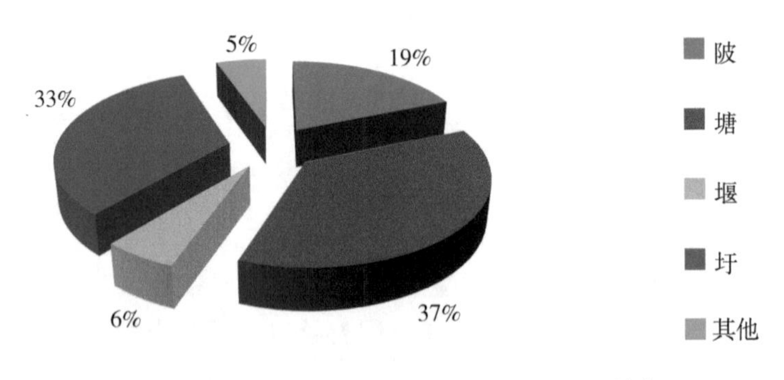

图3-1 南昌市（雍正十年）主要古代水利工程及其占比

南昌市下辖区（县）古代水利工程数量见表3-2和图3-2。

表 3-2　　南昌市下辖区（县）（雍正十年）古代水利工程数量

行政区	南昌县	新建区	进贤县	安义县
水利工程数量	347	227	248	307

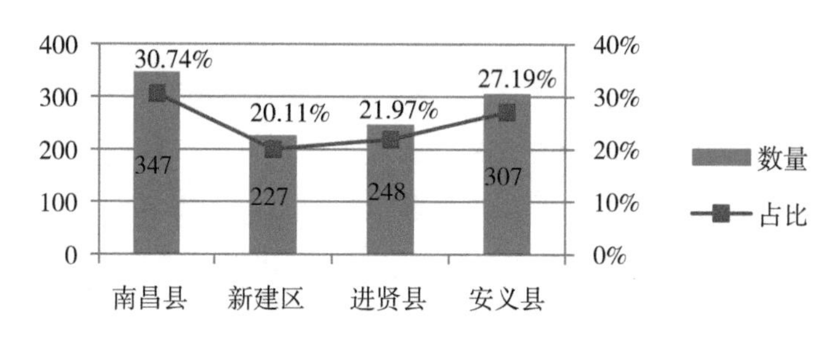

图 3-2　南昌市下辖区（县）（雍正十年）古代水利工程数量及占比

二、抚州市

（一）地理位置

抚州市位于江西省东部，地处东经 115°35′至 117°18′、北纬 26°29′至 28°30′之间，南北长约 222 千米，东西宽约 169 千米，总面积为 1.88×10^4 平方千米，占全省总面积的 11.27%，下辖 2 区 9 县。东邻福建省建宁县、泰宁县、光泽县、邵武市，南接江西省赣州市石城县、宁都县，西连吉安市永丰县、新干县和宜春市的丰城市，北毗鹰潭市的贵溪市、余干县和南昌市的进贤县。

（二）地势地貌

市境内东、南、西三面环山，中部丘陵与河谷盆地相间。地势南高北低，渐次向鄱阳湖平原地区倾斜。地貌以丘陵为主，山地、岗地和河谷平原次之。海拔 500 米以上的山地占总面积的 30%，海拔 100~500 米之间的丘陵占 50%，海拔低于 100 米的岗地和河谷平原占 20%。

（三）水系

全市有抚河、信江、赣江三大水系，大小河流 470 条。水流方向除赣江水系乌江外，均由南向北汇入鄱阳湖。①抚河水系。抚河古称盱江，又名汝水，贯穿抚州市中南部，是流入鄱阳湖区主要支流之一，为全省仅次于赣江的第二大河流。抚河干流总长 350 千米，抚州境内长 271 千米，多年平均径流量为 78.9 亿立方米，流域面积为 16800 平方千米。抚河主要支流有临水、盱江、黎滩河、东乡水。②赣江水系。市内赣江水系的主要河流在乐安县境内，流域面积为 1422 平方千米，有青田水、南村水、敖溪水、潭港水、招携水、牛田水、湖坪水、柯树水等支流。③信江水系。市内信江水系的河流分布在东乡、金溪、资溪三县，流域面积为 1560 平方千米，主要支流有泸溪水、黄通水、肠田水。此外，还有直接流入鄱阳湖的润溪河，其发源于东乡县北部愉怡乡眉毛尖，全长 21 千米，市内流域面积为 116.2 平方千米。

通过梳理《江西通志·水利》中水利工程情况，抚州市古代水利工程共有约 1900 处，其中陂、塘、堰占比分别为 66%、30%、2%，见表 3-3 和图 3-3。

表 3-3　　抚州市（雍正十年）古代水利工程数量统计表

工程类别	陂	塘	堰	坝	窟	井	圳
数量	1244	581	33	1	23	11	1

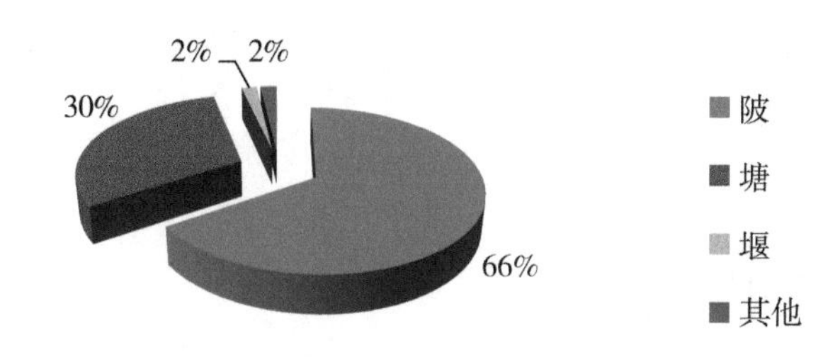

图 3-3 抚州市（雍正十年）主要古代水利工程及其占比

抚州市下辖区（县）古代水利工程数量见表 3-4 和图 3-4。

表 3-4 **抚州市下辖区（县）（雍正十年）古代水利工程数量**

行政区	黎川县	广昌县	资溪县	临川县	金溪县
水利工程数量	117	48	44	519	413
行政区	宜黄县	乐安县	东乡县	南城县	南丰县
水利工程数量	127	200	115	245	66

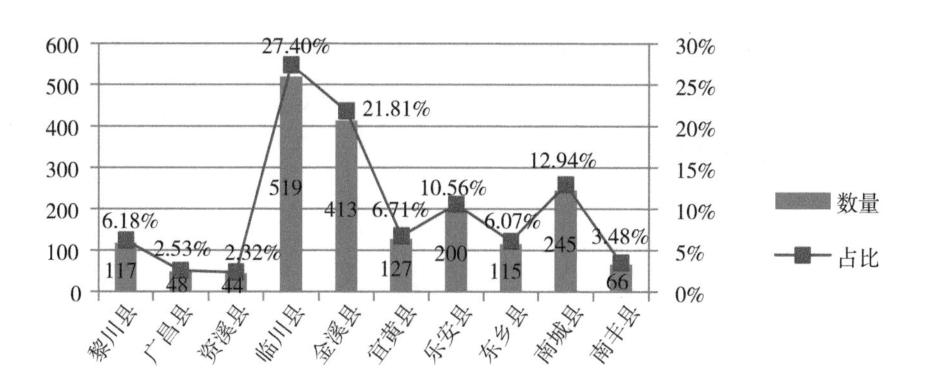

图 3-4 抚州市下辖区（县）（雍正十年）古代水利工程数量及占比

三、赣州市

（一）地理位置

赣州市位于江西省南部，地处赣江上游，处于东南沿海地区向中部内地延伸的过渡地带，是内地通向东南沿海的重要通道。赣州东接福建省三明市和龙岩市，南至广东省梅州市、河源市、韶关市，西靠湖南省郴州市，北连江西省吉安市和抚州市，地处东经 113°54′至 116°38′、北纬 24°29′至 27°09′之间，总面积为 39379.64 平方千米，占全省总面积的 23.6%，下辖 3 区 14 县 1 市。

（二）地势地貌

赣州市群山环绕，断陷盆地贯穿于赣州市，以山地、丘陵为主，占总面积的 80.98%，四周有武夷山、雩山、诸广山及南岭的九连山、大庾岭等，众多的山脉及其余脉，向中部及北部逶迤伸展，形成周高中低、南高北低的地势。赣州市海拔高度平均在 300~500 米，海拔千米以上山峰有 450 座，崇义、上犹与湖南省桂东 3 县交界处的齐云山海拔 2061 米为最高峰，赣县湖江镇张屋村海拔 82 米为最低处。

（三）水系

赣州市四周山峦重叠、丘陵起伏，其境内溪水密布，河流纵横。地势周高中低，南高北低，水系呈辐辏状向中心——章贡区汇集。赣南山区成为赣江发源地，也成为珠江之东江的源头之一。千余条支流汇成上犹江、章水、梅江（古称河水，也称宁都江、梅川）、琴江、绵江（又称瑞金河）、湘江（湘水，又称雁门水）、濂江（濂水，又称梅林江、安远江）、平江（又称兴国江、平固江）、桃江（又名信丰江）9 条较大支流。其中由上犹江、章水（古称豫章水）汇成章江；由其余 7 条支流汇成贡江（贡水，古称湖汉水，又称雩江、会昌江）；章、贡两江在章贡区相会而成赣江，北入鄱阳湖，属长江流域赣江水系。另有百条支流分别从寻乌、安远、定南、信丰流入珠江流域东江、北江水系和韩江流域梅江水系。区内各河支流，上游分布在西、南、东边缘的山区，河道纵坡陡，落差集中，水流湍急；中游进入丘陵地带，河道纵坡较平坦，河流两岸分布有宽窄不同的冲积平原。

通过梳理《江西通志 · 水利》中水利工程情况，赣州市古代水利工程共有约 1800 处，其中陂、塘占比分别为 96.1%、3.6%，见表 3-5 和图 3-5。

表 3-5　　**赣州市（雍正十年）古代水利工程数量统计表**

工程类别	陂	塘	圳
数量	1712	64	6

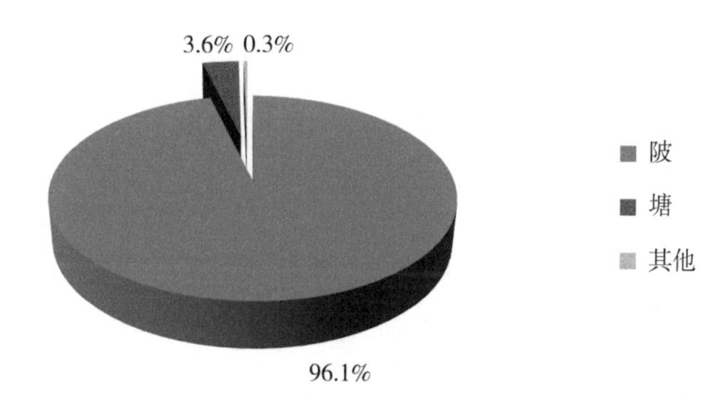

图 3-5　赣州市（雍正十年）主要古代水利工程及其占比

赣州市下辖区（县）古代水利工程数量见表3-6和图3-6。

表3-6　　赣州市下辖区（县）（雍正十年）古代水利工程数量

行政区	大余县	南康区	上犹县	崇义县	赣县区	于都县	信丰县	兴国县
水利工程数量	215	235	47	77	310	346	24	56
行政区	宁都县	会昌县	安远县	瑞金市	龙南县	石城县	定南县	寻乌县
水利工程数量	263	19	40	25	33	57	9	26

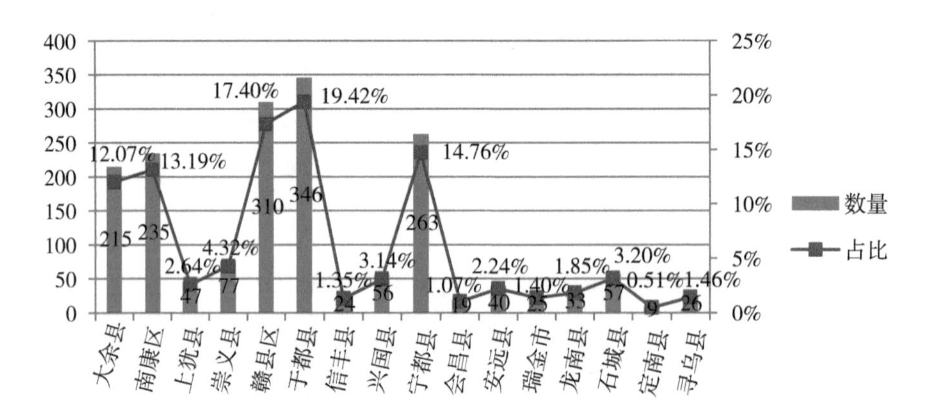

图3-6　赣州市下辖区（县）（雍正十年）古代水利工程数量及占比

四、吉安市

（一）地理位置

吉安市位于江西省中西部，赣江中游，地处东经113°48′至115°56′、北纬25°58′至27°58′之间。境内南北长218千米，东西宽208千米，全市

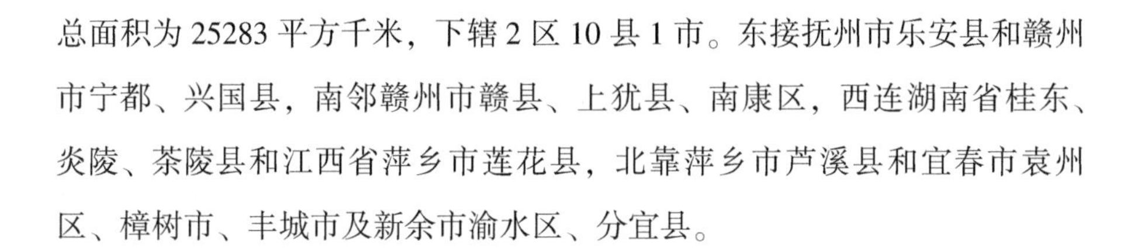

总面积为 25283 平方千米，下辖 2 区 10 县 1 市。东接抚州市乐安县和赣州市宁都、兴国县，南邻赣州市赣县、上犹县、南康区，西连湖南省桂东、炎陵、茶陵县和江西省萍乡市莲花县，北靠萍乡市芦溪县和宜春市袁州区、樟树市、丰城市及新余市渝水区、分宜县。

（二）地势地貌

地形以山地、丘陵为主，东、南、西三面环山。境内溪流河川、水系网络酷似叶脉，赣江自南而北贯穿其间，将吉安切割为东西两大部分。地势由边缘山地到赣江河谷，徐徐倾斜，逐级降低，往北东方向逐渐平坦。北为赣抚平原，中间为吉泰盆地。

（三）水系

境内水系以赣江为主流，赣江在万安县涧田乡良口村入境，纵贯市境中部，流经万安、泰和、吉安、青原、吉州、吉水、峡江、新干等县（区），在新干县三湖镇蒋家出境，境内河段长 264 千米，天然落差 54 米，干流吉安段流域面积为 26251.7 平方千米，占赣江流域总面积的 32.8%。

赣江主流吉安段有众多的支流分布在其东西两岸并全部汇入赣江，构成以赣江为中心的向心水系。境内以不同级别最终汇入赣江、流域面积大于 10 平方千米以上的大小支流共 733 条，河流河网密度为 0.4。流域面积大于 1000 平方千米的大支流有 8 条，其规模由大而小依次是禾水、乌江、泸水、孤江、遂川江、蜀水、洲湖水、牛吼江。

通过梳理《江西通志·水利》中水利工程情况，吉安市古代水利工程共 5300 余处，其中陂、塘、堰占比分别为 44%、53%、2%，见表 3-7 和图 3-7。

表 3-7 **吉安市（雍正十年）古代水利工程数量统计表**

工程类别	陂	塘	堰	圩	圳	窟	垱	湖	坝
数量	2367	2811	113	2	24	2	1	3	2

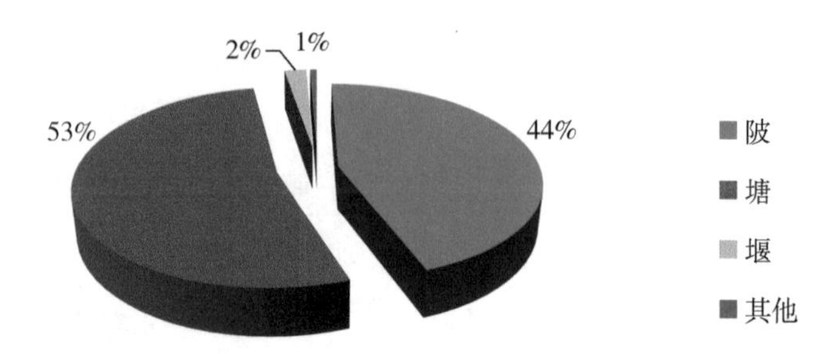

图 3-7 吉安市（雍正十年）主要古代水利工程及其占比

吉安市下辖区（县）古代水利工程数量见表 3-8 和图 3-8。

表 3-8 **吉安市下辖区（县）（雍正十年）古代水利工程数量**

行政区	新干县	峡江县	吉安县	泰和县	吉水县	永丰县
水利工程数量	237	181	1386	653	892	768
行政区	安福县	遂川县	万安县	永新县	井冈山市	
水利工程数量	651	53	143	313	48	

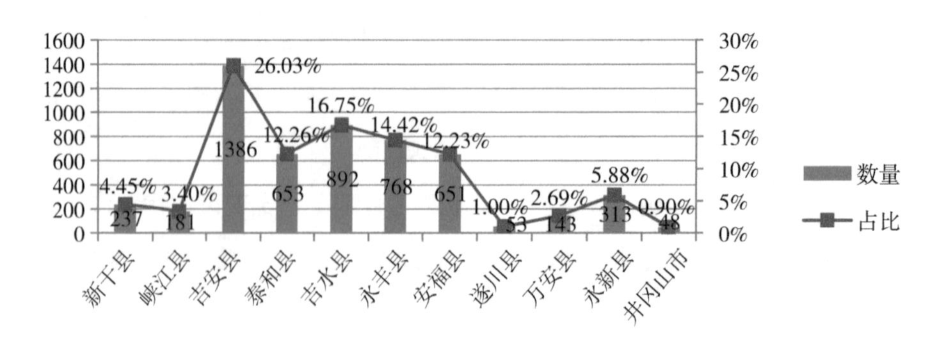

图 3-8 吉安市下辖区（县）（雍正十年）古代水利工程数量及占比

五、景德镇市

（一）地理位置

景德镇市位于江西东北部，西北与安徽省东至县交界，南与万年县为邻，西同鄱阳县接壤，东北倚安徽祁门县，东南和婺源县毗连，地处东经116°57′至117°42′、北纬28°44′至29°56′之间，全市总面积为5256平方千米，紧邻安徽省，坐落在黄山、怀玉山余脉与鄱阳湖平原过渡地带。

（二）地势地貌

景德镇属丘陵地带，坐落于黄山、怀玉山余脉与鄱阳湖平原过渡地带，是典型的江南红壤丘陵区。市区内平均海拔32米，地势由东北向西南倾斜，东北和西北部多山，最高峰位于与安徽省休宁县接壤的省界地带，海拔1618米。景德镇市市区处于群山环抱的盆地之中，如遇持续的暴雨天气，市区易形成水患。

（三）水系

昌江、西河、南河昌江为流经景德镇市的最大河流，西河、南河是其重要支流，于景德镇市区注入昌江。昌江发源于江西省与安徽省交界处的山区，大致呈北南走向，由北向南注入鄱阳湖。历史上，昌江曾是景德镇对外交通最重要的通道。

通过梳理《江西通志·水利》中水利工程情况，景德镇市古代水利工程共500余处，其中陂、塘占比分别为87.5%、12.3%，详见表3-9和图3-9。

表 3-9　　景德镇市（雍正十年）古代水利工程数量统计表

工程类别	陂	塘	坝
数量	485	68	1

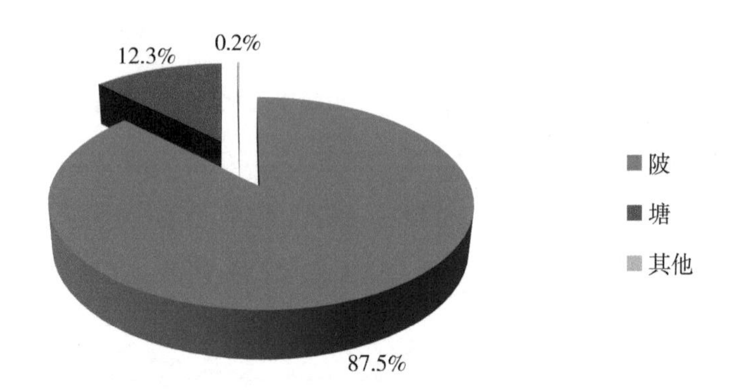

图 3-9　景德镇市（雍正十年）主要古代水利工程及其占比

六、九江市

（一）地理位置

九江地处东经 113°56′至 116°54′、北纬 28°41′至 30°05′之间，位于长江、京九铁路两大经济开发带交叉点，是长江中游区域中心港口城市，是中国首批 5 个沿江对外开放城市之一，也是东部沿海开发向中西部推进的过渡地带，号称“三江之口，七省通衢”与“天下眉目之地”，有“江西北大门”之称。全境东西长 270 千米，南北宽 140 千米，总面积为 1.88×10^4平方千米，占全省总面积的 11.3%，下辖 3 区 7 县 3 市。

（二）地势地貌

九江市地势东西高，中部低，南部略高，向北倾斜，平均海拔 32 米

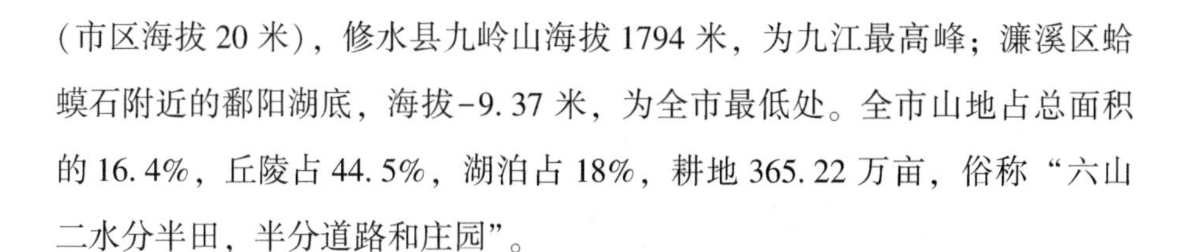

（市区海拔 20 米），修水县九岭山海拔 1794 米，为九江最高峰；濂溪区蛤蟆石附近的鄱阳湖底，海拔-9. 37 米，为全市最低处。全市山地占总面积的 16. 4%，丘陵占 44. 5%，湖泊占 18%，耕地 365. 22 万亩，俗称“六山二水分半田，半分道路和庄园”。

（三）水系

九江市境内长江岸线长 151. 9 千米，湖口以上长江流域面积为 168 万平方千米，年平均径流量 8900 亿立方米。

鄱阳湖是我国第一大淡水湖，流域面积为 16. 2 万平方千米，正常水面面积 3900 平方千米，年平均吞吐量 1480 亿立方米，是黄河的 3 倍。鄱阳湖在九江境内面积达 2346 平方千米，占鄱阳湖总面积的三分之二。除了鄱阳湖外，全市有万亩以上湖泊 10 个，千亩以上万亩以下湖泊 31 个。鄱阳湖在九江市湖口县汇入长江干流。

九江市有流域面积在 10 平方千米以上的河流 350 条，其中流域面积在 1000 平方千米以上的河流有修河、博阳河、潦河、武宁水、东津水 5 条；流域面积在 500~1000 平方千米的河流有长河、安溪水、巾口水、渣津水 4 条；流域面积在 100~500 平方千米的河流有 39 条。

通过梳理《江西通志·水利》中水利工程情况，九江市古代水利工程共 2500 余处，其中陂、塘、堰、圩四类水利工程占比分别为 39. 7%、53. 8%、4. 7%、1. 2%，见表 3-10 和图 3-10。

表 3-10　　**九江市（雍正十年）古代水利工程数量统计表**

工程类别	陂	塘	堰	圩	闸	圳	堤
数量	1010	1367	119	31	2	1	11

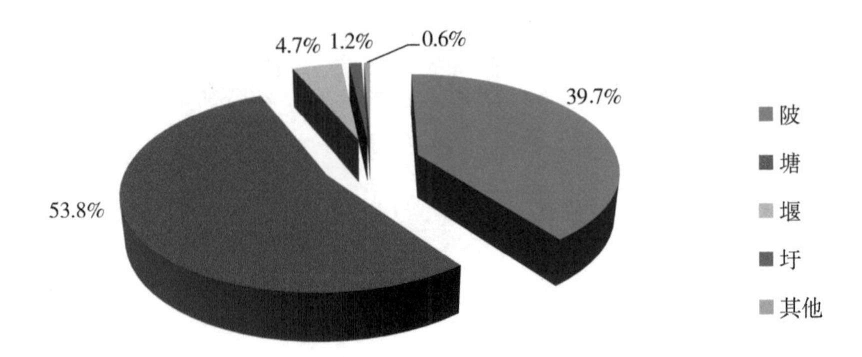

图 3-10 九江市（雍正十年）主要古代水利工程及其占比

九江市下辖区（县）古代水利工程数量见表 3-11 和图 3-11。

表 3-11 **九江市下辖区（县）（雍正十年）古代水利工程数量**

行政区	武宁县	修水县	庐山市	都昌县	永修县
水利工程数量	165	1273	29	22	547
行政区	柴桑区	德安县	瑞昌市	湖口县	彭泽县
水利工程数量	22	233	33	191	26

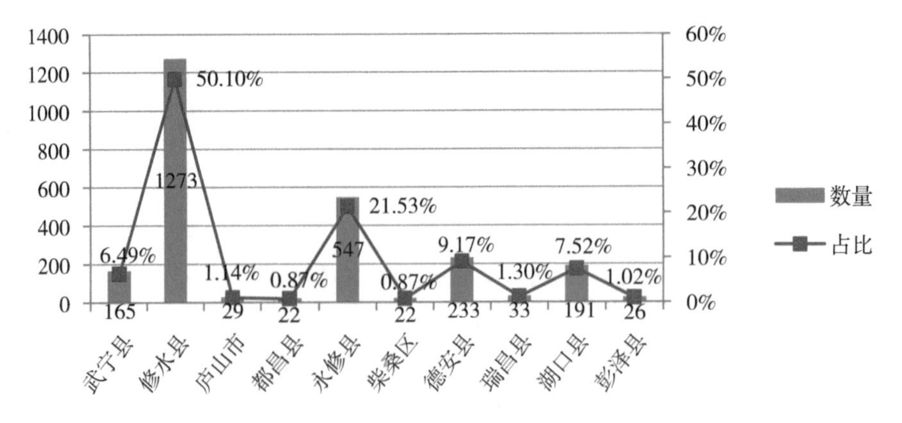

图 3-11 九江市下辖区（县）（雍正十年）古代水利工程数量及占比

七、萍乡市

（一）地理位置

萍乡市位于江西省西部，东与宜春市、南与吉安市、西与湖南省株洲市、北与湖南省浏阳市接壤，地处东经113°35′至114°17′、北纬27°20′至28°0′之间，下辖芦溪县、上栗县、莲花县、安源区、湘东区，全市总面积为3823.99平方千米。萍乡是江西的“西大门”，在赣西经济发展格局中处于中心位置，素有“湘赣通衢”“吴楚咽喉”之称。

（二）地势地貌

萍乡市属江南丘陵地区，以丘陵地貌为主。东、南、北大多为山地，西部地势较低，境内山地、丘陵、盆地错综分布，地貌较为复杂。东南部有武功山脉，海拔一般在800~1900米，最高峰（白鹤峰）海拔1918.3米。北部杨岐山至大屏山一带地势较高，地形险要，海拔在600~900米。西部萍水河河床最低点的海拔只有64米。中部偏东地势较高，成为洞庭湖水系和鄱阳湖水系的分水岭。

（三）水系

萍乡市区内水系地域分属长江流域的洞庭湖水系和鄱阳湖水系。全市主要河流有五条：萍水、栗水、草水、袁水、莲水。袁水、莲水发源于罗霄山和武功山，流入赣江；萍水、栗水、草水发源于武功山与罗霄山、杨岐山之间，最终注入湘江。主要支流有长平河、福田河、东源河、楼下河、高坑河、万龙山河、张家坊河、金山河、大山冲河、鸭路河等。

通过梳理《江西通志·水利》中水利工程情况，萍乡市古代水利工程共400余处，主要为陂、塘，其占比分别为39.7%、53.8%，见表3-12和图3-12。

表3-12　　**萍乡市（雍正十年）古代水利工程数量统计表**

工程类别	陂	塘
数量	250	215

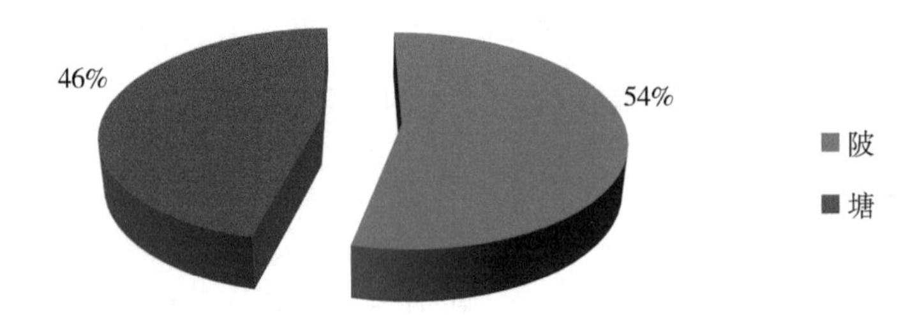

图3-12　萍乡市（雍正十年）主要古代水利工程及其占比

八、上饶市

（一）地理位置

上饶市位于江西省东北部，地处东经116°13′至118°29′、北纬27°48′至29°42′之间，东西宽210千米，南北长194千米，全市总面积为22791平方千米，占全省总面积的13.65%，下辖3区8县1市。东邻浙江省衢州市，位于赣东北；北毗安徽省池州市及黄山市，南隔武夷山脉与福建省南平市接壤；省内与景德镇、九江、南昌、鹰潭、抚州5市接壤。

（二）地势地貌

全市地貌以丘陵为主，北东南三面环山，西面为中国第一大淡水湖鄱阳湖，主要河流自东向西流入鄱阳湖。地形为南东高、北西低，山地集中分布在东北部和东南部，且多呈东北—西南走向。山脉呈不同高度并呈带状分布于信江两侧，自北而南依次为鄣公山、怀玉山和武夷山，呈倒山字形排列。北部怀玉山脉呈北东东向蜿蜒于横峰—上饶一线，主峰灵山高达1223.6米，南北两侧广布丘陵，南侧信江流域为狭长的丘陵盆地，西部为广袤的鄱阳湖平原。中部为信江盆地，多为低山丘陵，相对高度一般在200米左右。

（三）水系

境内水系发达，河流众多，大部分属鄱阳湖水系。信江、饶河是上饶市的主要河流，纵贯全区，汇入鄱阳湖后经湖口注入长江。信江流域面积为16890平方千米，上饶市境内流域面积为12221.3平方千米，占全流域面积的72%，占鄱阳湖水系集水面积的7.44%；饶河主要由乐安河与昌江组成，流域总面积为15428平方千米，占鄱阳湖水系集水面积的9.5%，乐安河流域面积为8989平方千米，昌江流域面积为6222平方千米。

通过梳理《江西通志·水利》中水利工程情况，上饶市古代水利工程共1100余处，其中陂、塘、堰、圩四类水利工程占比分别为58%、31%、1%、9%，见表3-13和图3-13。

表3-13　　**上饶市（雍正十年）古代水利工程数量统计表**

工程类别	陂	塘	堰	圩	湖
数量	681	366	13	110	7

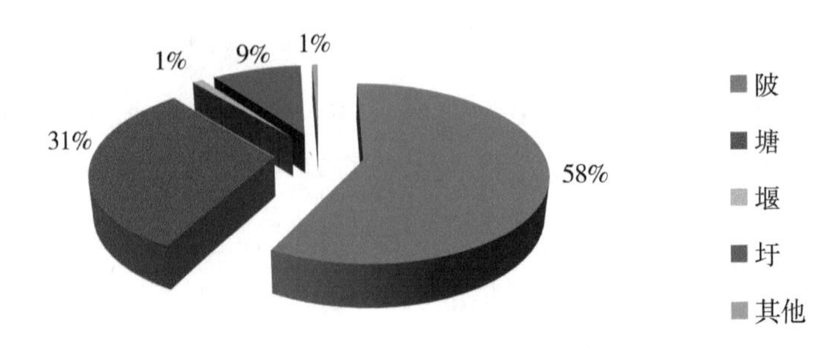

图 3-13　上饶市（雍正十年）主要古代水利工程及其占比

上饶市下辖区（县）古代水利工程数量见表 3-14 和图 3-14。

表 3-14　**上饶市下辖区（县）（雍正十年）古代水利工程数量**

行政区	上饶县	玉山县	弋阳县	铅山县	广丰县
水利工程数量	56	135	56	49	98
行政区	横峰县	鄱阳县	余干县	德兴市	万年县
水利工程数量	205	35	175	305	63

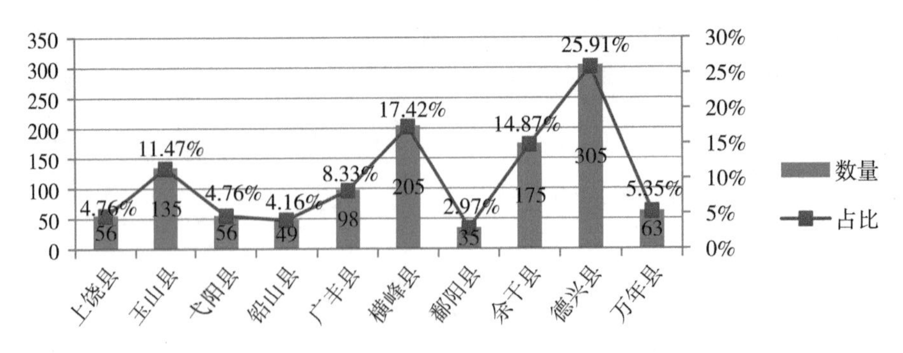

图 3-14　上饶市下辖区（县）（雍正十年）古代水利工程数量及占比

九、新余市

（一）地理位置

新余市位于江西省中部偏西，浙赣铁路西段，地处东经114°29′至115°24′、北纬27°33′至28°05′之间，全境东西最长处101.9千米，南北最宽处65千米，总面积为3178平方千米，占全省总面积的1.9%，其中渝水区面积为1785.92平方千米，分宜县面积为1391.76平方千米。东距省会南昌市150千米，东临樟树市、新干县，西接宜春市袁州区，南连吉安市青原区、安福县、峡江县，北毗上高县、高安市。

（二）地势地貌

新余市地貌，根据江西省地貌图划分，隶属于赣西中低山与丘陵区（大区）之“萍乡—高安侵蚀剥蚀丘陵盆地（亚区）和赣抚中游河谷阶地与丘陵区”（大区）中段，南北高，中间低平，袁河横贯其间，东部敞开。地貌基本形态有低山、高丘陵、低丘陵、岗地、阶地、平原6种类型。地貌成因类型有侵蚀构造地形、侵蚀剥蚀地形、溶蚀侵蚀地形和堆积地形。境内多数山地由变质岩系、花岗岩、石灰岩、砂质岩组成。北面蒙山由花岗岩组成，山峭谷深。西北边境山地为石灰岩，由北向西呈现鹄山、人和、欧里、界水等乡镇一带的山峦。南面的高丘陵区，如九龙山、良山和百丈峰，均由变质岩组成。

（三）水系

袁河是流经新余市的主要河流，属赣江水系，横贯东西，境内河段长

116.9千米。袁河发源于萍乡市武功山北麓，自西向东，经萍乡、宜春两市，在分宜县的洋江乡车田村进入新余市，从渝水区的新溪乡龙尾周村出境，于樟树市张家山的荷埠馆注入赣江。市内各小河溪水，大多以南北向注入袁河，整个水系呈叶脉状。袁河在新余境内有17条支流：塔前江、界水河、周宇江（即划江）、天水江、孔目江、雷陂江、安和江、白杨江、陈家江（即板桥江）、蒙河、姚家江、南安江、杨桥江、凤阳河、新祉河、苑坑河、陂源河。

通过梳理《江西通志·水利》中水利工程情况，新余市古代水利工程共960余处，其中陂、塘、堰、圩占比分别为68.4%、27.0%、3.8%、0.1%，见表3-15和图3-15。

表3-15　**新余市（雍正十年）古代水利工程数量统计表**

工程类别	陂	塘	堰	圩	圳	窟	垱
数量	657	259	36	1	4	2	1

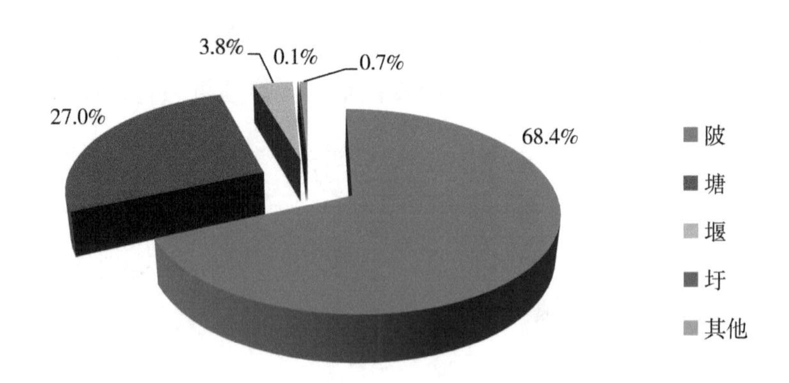

图3-15　新余市（雍正十年）主要古代水利工程及其占比

十、宜春市

（一）地理位置

宜春市位于江西省西北部，地处东经113°54′至116°27′、北纬27°33′至29°06′之间，境内东西长约222.75千米，南北宽约174千米，全市面积为18680.42平方千米，占全省总面积的11.20%，下辖1区6县3市。东境与南昌市接界，东南与抚州市为邻，南陲与吉安市及新余市毗连，西南与萍乡市接壤，西北与湖南省的长沙市及岳阳市交界，北与九江市相邻。

（二）地势地貌

宜春地处赣西北山区向赣抚平原过渡地带，地形复杂多样，地势自西北向东南倾斜。境内海拔最高点1794.3米，在靖安九岭尖；最低点海拔18米，在丰城药湖。境内山地、丘陵和平原兼有，其中山地占总面积的35.46%，丘陵占39.05%，平原占25.49%。市东南部属赣抚中游河谷阶地与丘陵区。境内河流、丘陵相错，地势波状起伏，坡度比较平缓。其余均属赣西北中低山与丘陵区。市内岭谷相间排列。北部九岭山脉地势峻峭，海拔大多在1000米以上。向南则是多呈波状起伏的丘陵盆地。在山丘之间，有潦河、锦江、袁水等河流贯穿其中，河流两侧有着宽窄不一的多级河谷阶地。西北山区蕴藏着丰富的森林、水力资源，河谷地带则以粮食和经济作物为盛。

（三）水系

市境内的河流基本属鄱阳湖水系，主要是赣江、赣江支流与修水支流。赣江自西南向东北，流经市境东部樟树、丰城两市，境内长76千米，纳袁水、肖江、锦江等支流。袁水发源于萍乡境内武功山北麓，流经宜春市、新余市，在樟树张家山汇入赣江，全长279千米，多年平均流量187立方米每秒，天然落差1129米；境内流域面积为2416.6平方千米，占该河总流域面积为39.38%。袁水在宜春市城区内，水流清澈，两岸风景秀丽，故又名秀江。锦江发源于袁州区慈化镇，流贯市境内的万载、宜丰、上高、高安四县（市），入南昌市新建县后，又绕入市内丰城北境，注入赣江，全长294千米，天然落差391米，多年平均流量222立方米每秒；境内流域面积7115.44平方千米，占该河总流域面积93%。修水的主要支流潦河，在南昌市安义县境内分南北两支，南潦河发源于市境内奉新县百丈山，北潦河发源于市境内靖安县白沙坪；潦河在市境内流域面积有3154.1平方千米，占其总流域面积的72.8%。市西北部铜鼓县境内的河流，基本属修水上游支流，其流域面积为1548平方千米，占修水总流域面积的10.46%。抚河擦市东部丰城市东境而过，境内长10.6千米，流域面积为84.85平方千米，注入鄱阳湖的清丰山溪，在市东部有流域面积为2447.85平方千米，在吉安汇入赣江的禾水支流泸水，在宜春市有流域面积106平方千米。鄱阳湖水系占全市总流域面积的98.4%。此外，袁州、万载尚有湘江支流渌水的流域面积182平方千米。

通过梳理《江西通志·水利》中水利工程情况，宜春市古代水利工程共1100余处，其中陂、塘、堰、圩四类水利工程占比分别为51.9%、38.0%、4.0%、0.5%，详见表3-16和图3-16。

表3-16　　**宜春市（雍正十年）古代水利工程数量统计表**

工程类别	陂	塘	堰	垱	圩	堤
数量	1607	1176	123	21	17	1
工程类别	湖	窟	港	圳	堨	
数量	84	12	16	32	8	

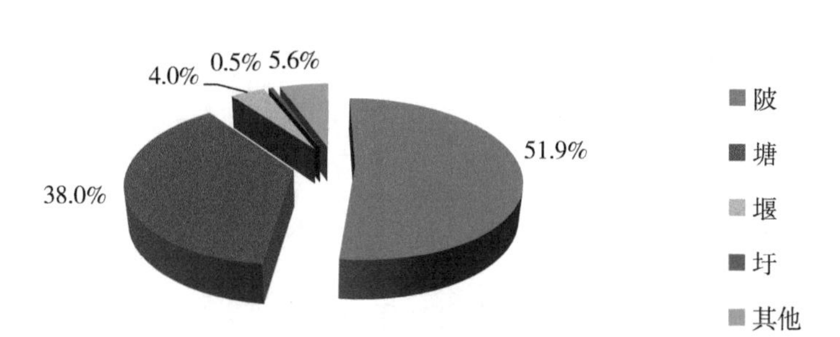

图 3-16　宜春市（雍正十年）主要古代水利工程及其占比

宜春市下辖区（县）古代水利工程数量见表 3-17 和图 3-17。

表 3-17　**宜春市下辖区（县）（雍正十年）古代水利工程数量**

行政区	丰城市	奉新县	靖安县	高安县	上高县
水利工程数量	529	112	105	601	120
行政区	宜丰县	袁州区	万载县	樟树市	
水利工程数量	391	421	166	652	

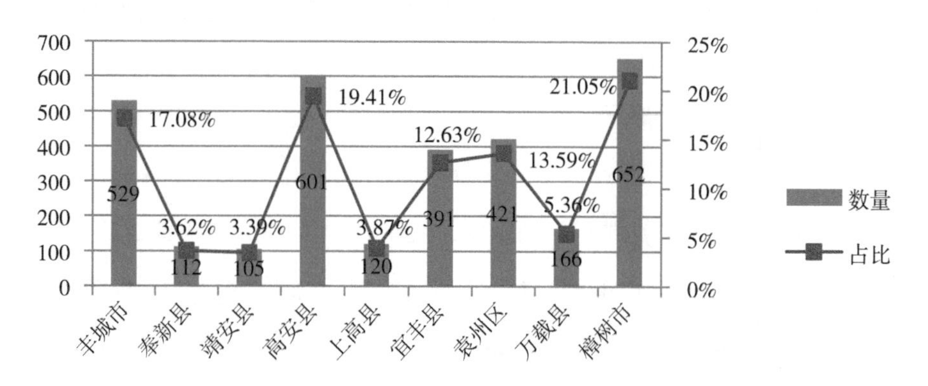

图 3-17　宜春市下辖区（县）（雍正十年）古代水利工程数量及占比

十一、鹰潭市

（一）地理位置

鹰潭市位于江西省东北部，信江中下游，地处东经116°41′至117°30′、北纬27°35′至28°41′之间，面向珠江、长江、闽南三个“三角洲”，是内地连接东南沿海的重要通道之一。辖区东接弋阳县、铅山县，西连东乡县，南临金溪县、资溪县，北靠万年县、余干县，东南一隅与福建省光泽县毗邻。境域南北长约81千米，东西宽约38千米，全市总面积为3556.7平方千米，占全省总面积的2.15%。

（二）地势地貌

鹰潭市地处武夷山脉向鄱阳湖平源过渡的交接地带，地势为东南高西北部低。地形可分为东南部中山地带、北部中高丘陵地带、西部中低丘陵地带、中部贵溪盆地地带。主要山峰有阳际坑、青茅境、鲑鱼峰、唐家山、天华山、郎岗山等。境内最高峰阳际坑位于贵溪樟坪乡，海拔1540.9米；最低点位于余江县锦江镇团湖村信江河谷，海拔16米。

（三）水系

境内河道属长江流域鄱阳湖水系。主要河道有一级河信江，长72千米；二级河12条，总长425千米；三级河3条，总长44.5千米；境内最大的河流为信江，从贵溪流口经境内贵溪市、月湖区、余江县，从余江县的锦江镇炭埠村流出，长72千米；主要支流有白塔河、罗塘河、童家河、白露河、泗沥河等。

通过梳理《江西通志·水利》中水利工程情况，鹰潭市古代水利工程共约200处，主要为陂、塘、堰，其占比分别为32%、39%、29%，见表3-18和图3-18。

表3-18　**鹰潭市（雍正十年）古代水利工程数量统计表**

工程类别	陂	塘	堰
数量	64	77	58

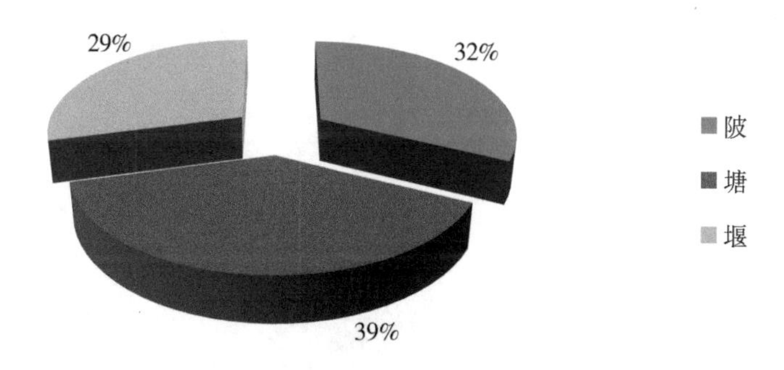

图3-18　鹰潭市（雍正十年）主要古代水利工程及其占比

第二节　江西省古代水利工程类型与空间特征

一、古代水利工程的类型特征

本节主要对《江西通志·水利》中记载的水利工程的种类和数量进行了全面梳理和统计分析，结果见表3-19和图3-19。

表 3-19　**江西省（雍正十年）各类型古代水利工程数量统计表**

工程类别	陂	塘	堰	圩	圳	堤	湖	窟
数量	10291	7398	561	535	72	3	110	39
工程类别	港	垱	堨	闸	埠	坝	井	
数量	21	35	27	7	4	3	11	
备注	1. 圩：低洼区防水护田的土堤； 2. 圳：一般指田间水沟，可以截流用于灌溉； 3. 垱：指为便于灌溉而在低洼的田地或河中修建的、用来存水的小土堤； 4. 堨：拦水的堰，筑堨以截水； 5. 埠：指小堤。							

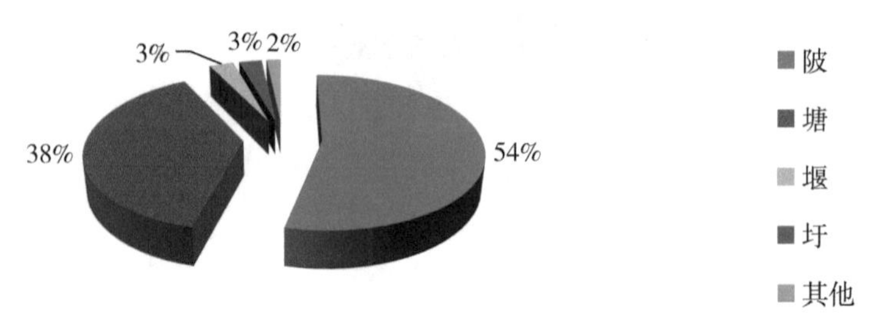

图 3-19　江西省（雍正十年）主要古代水利工程及其占比

从表 3-19 与图 3-19 中，我们分析得出雍正十年（公元 1732 年）时期江西省古代水利工程的两个特征：

（一）水利工程数量众多，类型丰富

从表 3-19 中可以看到，在那个时期江西省的古代水利工程数量非常多，达到了 19000 余处，并且水利工程的种类也非常丰富，有陂、塘、堰、圩、圳、堤、湖、窟、港、垱、堨、闸、埠、坝、井等十余种类型。

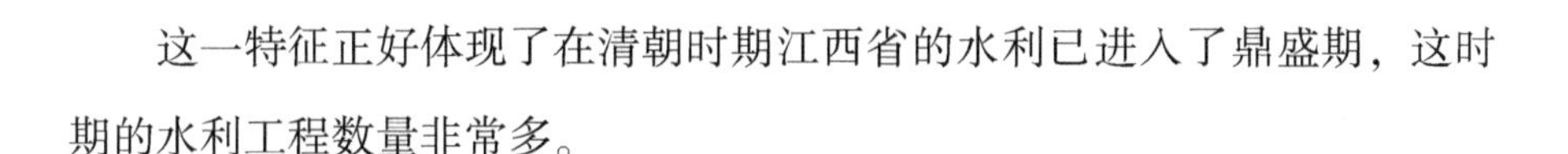
这一特征正好体现了在清朝时期江西省的水利已进入了鼎盛期，这时期的水利工程数量非常多。

（二）工程类别以陂、塘、堰、圩四类为主

从图 3-19 中可以看到，在那个时期江西省的古代水利工程类别主要以陂、塘、堰、圩四类为主，它们的占比分别达到了 54%、38%、3%、3%，相对的，其他类别的水利工程的总和只占到了 2%，非常少。

这一特征正好与第二章中江西省的水利发展史相吻合：唐宋时期，江西省的水利得到了大力发展，修建了大量的陂、塘、堰等水利设施，以满足农业的需求；明清时期，江西水利的重点转移到了沿江滨湖修堤防洪，因而修建了大量的圩、堤等。因而，在那个时期的江西省古代水利工程主要以陂、塘、堰、圩四类为主。

二、古代水利工程的空间特征

本节主要对《江西通志·水利》中记载的水利工程，按照现今江西省的区划进行统计分析，结果见表 3-20 和图 3-20。

表 3-20　**江西省各市（雍正十年）古代水利工程数量统计表**

行政区	南昌市	抚州市	赣州市	吉安市	景德镇市	九江市
水利工程数量	1133	1894	1782	5325	554	2531
行政区	萍乡市	上饶市	新余市	宜春市	鹰潭市	
水利工程数量	465	1177	960	3097	199	

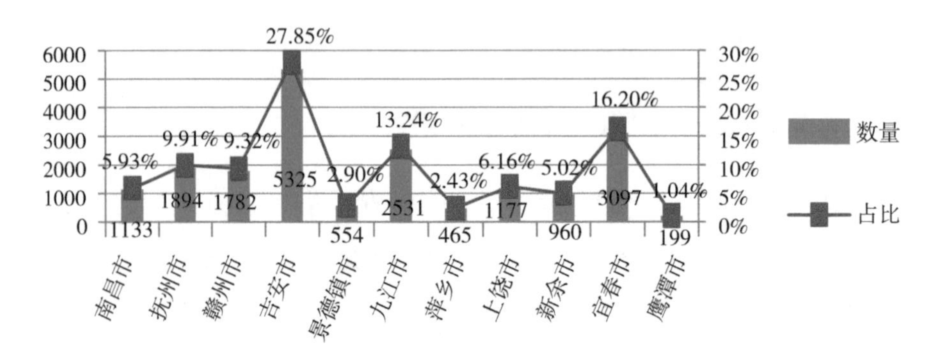

图 3-20　江西省各市（雍正十年）古代水利工程数量及占比

由表 3-20 和图 3-20 可知，在江西省的 11 个设区市中，水利工程数量最多的为吉安市，其次为宜春市和九江市，其数量分别为 5325、3097、2531，占比分别为 27. 85%、16. 20%、13. 24%。江西省古代水利工程空间分布的主要特征为：

（一）水利工程建设的重点在赣中地区，赣江中下游为密集区

水利工程总体呈现出不平衡且集中分布的总格局，集中分布在赣中地区、赣江流域中下游，如吉安市、宜春市水系河网发达、土地肥沃，相应地，其农田水利建设发展较快，两市水利工程总和占全省数量的 44. 05%。历史上有名的万亩以上灌溉工程，如李渠、槎滩陂、梅陂、寅陂、大丰陂等均坐落于吉安市。

（二）鄱阳湖区水利工程数量多，山区数量少

鄱阳湖区历来是江西省经济最为繁荣的地区，随着唐朝经济中心的南移，水利建设进入高潮期，尤以鄱阳湖区为首。经不完全统计，鄱阳湖生

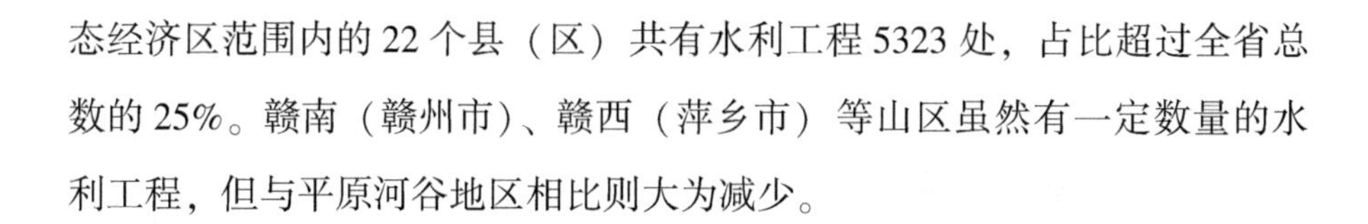

态经济区范围内的22个县（区）共有水利工程5323处，占比超过全省总数的25%。赣南（赣州市）、赣西（萍乡市）等山区虽然有一定数量的水利工程，但与平原河谷地区相比则大为减少。

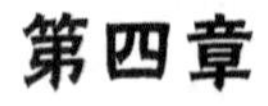

第四章 在用古代水利工程保护机制与典型案例

国外许多国家在水文化遗产保护方面已经形成自身颇具特色的保护机制，其中机制相对完备的主要有美国、法国、英国、加拿大等发达国家，国内近几年在古代水利工程的保护方面也开展了大量的工作，取得了一定的成果。

本章重点探究国内外经过长期实践积累下来的颇具特色的水文化遗产保护方法和模式，挖掘其中可以为江西省在用古代水利工程保护策略的制定提供借鉴和参考的部分，期望能为江西省在用古代水利工程的保护与研究工作提供借鉴和启迪。

第一节　国外典型在用古代水利工程保护机制与实践探索

欧洲国家的古代水利工程保护工作起步早、研究细，尤其是法国、英

国、加拿大等拥有世界遗产数量相对较多的国家，在运河保护方面推行的许多相关的政策、法律和管理方法，都可作为江西省古代水利工程保护工作的学习对象。

相对于欧洲各国，美国的历史虽相对较短，但对历史与文化保护的重视程度却有过之而无不及，形成了许多完备的保护机制。其中具有代表性的有美国国家遗产廊道管理模式和美国垦务局文化资源管理模式，这两种保护模式可为江西省古代水利工程的保护提供新的思路。

一、美国国家遗产廊道管理模式

美国国家遗产廊道是一种拥有特殊文化资源集合的线性景观。这种管理模式主要参考了绿道模式、国家公园等概念，重点强调了协作保护思想等因素。廊道设有经济中心，改善了廊道历史建筑的周边环境，增加娱乐设施，以发展整个廊道的旅游业①。其优点在于在保护的过程中突出强调了对廊道历史文化价值的整体认识，利用廊道内的遗产达到了复兴经济的目的，并同时解决了景观趋同、社区认同感消失、经济衰退等相关问题②。

（一）管理团队组织结构

目前，美国国家遗产廊道的管理团队有多种组织结构，如联邦委员会、非营利组织、各州机构、市政当局等。国家遗产廊道一般采用联邦委员会的形式，委员会经国会立法授权成立，由国家公园管理局、州地方政

---

① 龚道德，张青萍．美国国家遗产廊道的动态管理对中国大运河保护与管理的启示［J］．中国园林，2015（3）：68-71.

② 龚道德，袁晓园，张青萍．美国运河国家遗产廊道模式运作机理剖析及其对我国大型线性文化遗产保护与发展的启示［J］．城市发展研究，2016，1：147-152.

府机构、公民个体、非营利组织、企业单位等有关各方通过合作伙伴的方式来共同管理。国家公园局是廊道委员会的核心伙伴，它的参与为廊道带来了“国字号”的金字招牌，是该类项目成功的重要保证之一。

（二）资金来源与多方融资

美国内政部每年划拨约100万美元用于廊道内资源保护与基础设施改善。除直接的资金援助之外，国家公园局通常会向合作伙伴提供前景构思、计划制订、拨款申请、资源保护、休闲开发、廊道解说以及相关认证方面的技术指导，以争取相应的匹配保护资金。同时，国家遗产廊道是美国政府为了减轻自身负担，尝试发动民间资本实现没落工业区域振兴的一种重要尝试。在审核该类项目的可行性研究报告时，内政部着重考虑当地居民的支持率、民间资本的可靠性，否则该项目将不可能得到国会的支持。通常其授权法明确要求地方能够以1∶1的比例投入配套资金。

（三）合作协议

廊道合作伙伴间一般通过伙伴合作协议确定参与各方的共同目标、任务分工、行为规范、预计的行动时间框架和资金来源等，以便委员会能够更有效地完成使命。这些合作协议不同于一般的项目合同，均以正式的法律文书形式出现，是工作小组间的行动纲领性文件，通常围绕具体项目而拟定。当有新的参与者加入，或某些参与者对协议的部分内容有意见时，就召开会议讨论，并对协议内容进行修改。

（四）监测、评估、修正与公众参与

为了确保规划目标的实现，以及项目的可持续发展，廊道委员会必须持续跟踪规划的实施进度，不断评估其规划的有效性。在监测过程中通常

采用标准的规划、预算和进程测试工具，同时考虑到规划本身的灵活性和变动性。公众可参与遗产廊道项目的管理和决策，从最开始的确定方向和范围阶段，到方案讨论阶段，最后到管理规划最终完成阶段，公众均可提出意见并具有该项目最终的决策权。

（五）法制保障

美国国家遗产廊道相关的法律大致为三类：主干法、专门法和相关法。其中遗产廊道的专门法又可以分为遗产廊道一般法和遗产廊道授权法两类。遗产廊道一般法负责为遗产廊道类项目提供一般法律依据，如《国家遗产区域政策法》等；遗产廊道授权法是为某个具体的遗产廊道所立的法规。通常每一个通过国会指定的遗产廊道，都会有一部授权法。

二、美国垦务局文化资源管理模式

美国垦务局于1974年设立了文化资源管理项目，主要对其辖区内的文化资源如考古遗址和具有历史价值的水利工程、建筑物、景观和物件等进行保护和管理。它的保护、管理理念主要是“保护我们的过去”和“提升我们的过去”两种，并围绕这两种保护理念开展了大量的工作①②。

（一）保护我们的过去

美国垦务局拥有西部17州300多万公顷土地的管辖权，在这广阔的辖

① 王英华，吕娟．美国垦务局文化资源管理模式对我国水文化遗产保护与利用的启示［J］．水利学报，2013（S1）：51-56．

② 单霁翔．从“文物保护”走向“文化遗产保护”［M］．天津：天津大学出版社，2008．

区内分布着众多的文化资源，主要包括：①展现垦务局在大坝和灌溉系统设计与建造方面成就的土木工程；②承载垦务局辖区先人活动信息的考古遗址；③工程施工阶段修建的建筑物和构筑物。这些不仅是让人们了解过去的信息载体，也是联结现在与过去的纽带，美国垦务局主要通过以下三种措施致力于对它们的保护。

1. 建立文化资源登录与名录制度

为“保护我们的过去”，垦务局对辖区内的文化资源进行认定和登录。通过调查、登记和建档等工作，了解、掌握辖区内文化资源的基本情况，并通过较为宽松的保护措施，促进公众自觉保护意识的提高。从 1961 年开始，垦务局陆续将辖区内具有重大意义的 52 项文化资源列入国家史迹名录，其中 7 项列入国家历史地标。凡列入国家历史地标的文化资源，自动列入国家史迹名录。这些文化资源主要包括水利工程、建筑物和考古遗址。水利工程主要是在设计与建设方面具有突出成就的大坝和灌溉系统，并将其作为重要而独特的文化资源列入国家史迹名录，如著名的胡佛大坝、大古力水电站和沙斯塔坝等，以及具有历史价值的灌溉系统。在垦务局，拥有 50 年及以上历史的水利工程即可申报列入国家史迹名录。

2. 依据文化资源的不同特性和需求采取相应的保护方式

依据辖区内文化资源的不同特性和要求，垦务局对其采取不同的保护方式。列入国家史迹名录或国家历史地标的水利工程大多是在持续发挥效益的文化资源，它们既是在用的水利工程，又因具有历史价值而成为文化资源的重要组成。因而，对这类文化资源的管理理念是在利用的基础上加以科学保护，将保护与利用有机结合起来，一般通过将其列入国家级名录的方式，加强保护力度，使其能够在继续发挥水利等功能的基础上得到科学、有效的保护，从而延续水利建设的历史链接和历史文脉。

3. 管理博物馆藏品

垦务局设有独立的博物馆，馆内收藏了考古物件与相关记录，如自然历史标本，具有历史价值的物件、艺术品、图片和有关种族的物品等藏品，共计800多万件。这些藏品各有特点，主要向人们讲述了垦务局向西部17州供水所取得的重大成就和其间战胜的困难，并记述了垦务局的发展历程。

（二）提升我们的过去

2003年3月3日，时任美国总统布什签署“保护美国”总统令，强调联邦政府在保护具有历史价值的遗产方面的领导作用。“保护美国”的目标之一就是推动具有历史价值的遗产使用与修复工作的结合，推动发展遗产旅游的机会。作为联邦政府机构，垦务局围绕“提升我们的过去”的理念做了大量工作。

1. 向公众开放垦务局具有历史价值的水利工程和建筑物

公众可参观垦务局水利设施中具有历史意义和文化价值信息的遗迹。2001年“9·11”事件后，出于安全考虑，垦务局的许多大坝和发电厂禁止进入。但那些仍然开放的建筑物或构筑物足以让游客对垦务局的水利建设历程有大致了解。

2. 修建博物馆和游客中心

垦务局的很多工程所在地建有游客中心和博物馆，采用各种方法与技术来展现其建设历程与科技成就，以及所在区域自然、历史和文化等内容，并为游客提供娱乐、休憩场所。例如，来到胡佛大坝的游客，可看到许多有关胡佛大坝和米德湖建设历程的静态和动态的信息展示；在怀俄明州的水牛比尔坝西部停车场，可以看到正在展出的大坝修建时曾经用过的针型阀、球阀和索道绞车；在自水牛比尔水坝西至迪弗水库的肖松尼灌溉工程自由行线路中，沿途设有多种展示设施，用来讲述该灌溉工程的历史意义。

3. 鼓励公众参与保护

垦务局与州立史迹保护处合作开展野外活动，鼓励公众参与文化资源的保护与监测等工作。公众也可就垦务局拟建工程对文化资源的影响发表评论。

三、运河类遗产保护与管理

欧洲国家在对其运河保护方面推行了许多相关的政策、法律和管理方法，本节选取了法国米迪运河、英国庞特基西斯特水道桥与运河和加拿大里多运河作为实例来进行阐述。

（一）法国米迪运河

法国米迪运河的管理组织主要分为国家和地方两个层面。国家层面负责的组织机构主要是法国航道管理局和国土设施交通整治部。前者主要负责运河相关法规的实施、运河及其相关设施的维护以及运河沿线的开发和建设等；后者主要负责运河的监督与水上交通管理等工作。地方层面负责的组织机构主要是图卢兹大区航道管理局。法国大区政府主要提供运河的修缮经费，并不对运河进行直接的管理；运河的遗址和景观主要是由大区环境管理局进行管理，其中涉及的历史文物则列入大区文化管理局编制的《世界遗产名录》中①。

在政策法规方面，法国政府制定了《法国公共水域及运河条例》对米迪运河进行保护。1966 年米迪运河申遗成功后，还相继颁布了一系列相应

① 张茜．南水北调工程影响下京杭大运河文化景观遗产保护策略研究［D］．天津：天津大学，2014.

的管理章程，如《米迪运河遗产管理手册》《米迪运河景观建设规章》等，这些章程对米迪运河的各类遗产的现状，以及遗产的管理、保护的重点、保护的措施、如何划分保护区等工作均进行了详细的说明和规定，使米迪运河的管理与保护更加有章可循和有法可依。

（二）英国庞特基西斯特水道桥与运河

英国庞特基西斯特水道桥与运河建于1795年，全长18千米，于2009年列入了《世界遗产名录》。由于其对英国的产业革命及经济发展做出过重要的贡献，具有重要的历史文化价值和独特的工程技术价值，伴随着后期保护过程中进行的自然环境开发，使其成为目前英国重要的旅游集散地之一。英国政府针对庞特基西斯特水道桥与运河设立了专门的管理机构，并将其分为保护核心区与缓冲区两个部分来区别保护。为了对庞特基西斯特水道桥与运河进行更加有效、规范的管理及保护，英国政府于2007年编制了《庞特基西斯特水道桥与运河管理规划》。

（三）加拿大里多运河

加拿大里多运河于1832年建成，全长202千米，沿线共有47个石建水闸和53个水坝等水利设施，被誉为19世纪工程技术的奇迹之一①。2007年，里多运河被联合国教科文组织授予了世界遗产的称号。里多运河在多年的管理与保护中形成自己独有的景观廊道策略，并通过多种途径推动里多运河的保护与发展，如会议、论坛与讨论等。加拿大政府为了更好地保护与发展里多运河，设立了从政府到个人的多层次的运河保护管理机构（加拿大公园管理局、各级政府、相关团体组织等），共同合作以确保

① 唐剑波．中国大运河与加拿大里多运河对比研究［J］．中国名城，2011（10）：46-50.

里多运河遗产保护的有效性。加拿大政府编制了《里多运河管理规划》，对规划原则、遗产保护、生态管理、滨水土地开发利用等方面均进行了相应的规定，其目的是为了确保遗产的完整性，建立里多运河的长期保护管理体系，制定遗产保护法律体系并指导公众合理使用。

第二节　国内典型在用古代水利工程保护机制与实践探索

我国地域辽阔，古代水利工程分布十分广泛，不同地域的水利工程呈现出形态多样的工程形式，从西北的坎儿井到中原地区的陂塘，从西南的堰坝到东南的海塘，无不各具特色又因地制宜，种类之丰富为世界所罕有。这些不同区域的古代水利工程，最早的距今已有2600多年历史，其中许多古代水利工程至今仍在发挥作用，且效益十分显著。这些古代水利工程屹立千年而不朽坏，除了受工程本身的科学技术因素影响，更与工程的管理保护机制息息相关。

本节选取都江堰、通济堰、京杭大运河济宁段、槎滩陂、清口枢纽等国内知名古代水利工程为例，阐述这些古代水利工程在不断发展中形成的独特保护机制，以期为现代水利工作者如何保护古代水利工程提供一些思路。

一、继承优秀的设计理念，在保护中不断发展

现代的水利工作者在深入剖析研究古代水利工程蕴含的技术精髓的同时，也在不断地运用现有的科学技术对古代水利工程进行完善——运用现

代的科学技术和新的建筑材料，在继承古代水利工程设计理念的基础上，适当地对古代水利工程进行加固维护和改建扩建，使得这些古代水利工程发挥更大的工程效益。

（一）都江堰

都江堰工程经过历代治水先驱在实践中不断摸索和验证，最终形成了一个三位一体、首尾呼应的工程布局①。在都江堰工程加固维护的历史进程中，都江堰无坝引水和自动调水调沙的技术格局基本未发生改变，仅对鱼嘴结构和布置进行调整，同时兴建了一些辅助工程，这是对都江堰水利工程所蕴含的优秀设计思想和技术手段的有效传承。

鱼嘴在创立之初位于白沙河出口附近，而现今鱼嘴位于下游索桥附近。这是因为在清朝初期，遭遇了百年不遇的特大洪水，致使鱼嘴下移超过 200 米，同时鱼嘴处重达 3.5 吨的铁牛被冲得无影无踪；清光绪三年至五年（公元 1877 年至 1879 年），鱼嘴从人字堤移至索桥下游；到时任四川总督丁宝桢大修时，再将鱼嘴移至索桥以上，在丁宝桢大修后 2～3 个月，都江堰遭遇了千年一遇的洪灾，鱼嘴等建筑物再次被冲毁；1925 年，时任成都水利知事官兴文经调研分析，将鱼嘴位置下移 200 米，使鱼嘴至飞沙堰的堤岸变得短而粗壮，同时校准内江河床的基准，新铸卧铁一根，埋于凤栖窝。1936 年，四川省水利局修复时发现，鱼嘴又西移约 8 米、上移约 30 米，至此基本奠定了鱼嘴的格局。此后，特别是“5·12”特大地震发生后，鱼嘴经受住了前所未有的考验，继续发挥着其作用。

另一方面，随着时代的发展，在不破坏都江堰原有设计理念的前提下，政府主持兴建一批辅助工程，将传统工程结构与现代水工结构进行了

---

① 张开勇．从都江堰演变历史看其发展与保护——变化与永恒［J］．中国水利，2014（5）：54-63.

有效的结合。例如，1935 年，都江堪的鱼嘴首先改用混凝土进行修筑，鱼嘴由此成为都江堰水利工程中第一个传统与现代水利工程学结合的产物；1974 年，建设外江节制闸，通过“水小关闸、水大开闸”的人工主动控制，提高宝瓶口的引水保证率；1982 年，外江闸右侧建成的沙黑总河灌溉闸，采用了与外江闸相同的形式，保证了沙黑总河的防洪安全；1992 年，建成工业引水拦水闸，不仅成为飞沙堰的一项辅助工程设施，而且改善了成都平原内的工业用水状况，促进了当地经济发展。同时在都江堰上游兴建紫坪铺和杨柳湖水库，紫坪铺水库对岷江来水进行调丰补枯，杨柳湖水库对紫坪铺水库调峰流量进行反调节，使都江堰在日内保持均匀输水，满足灌区用水需求，通过这两个工程保证都江堰一年四季都有汩汩清流。

（二）京杭大运河济宁段

京杭大运河济宁段由于其特殊的自然地理环境，近年来伴随着周边地区经济的高速发展，济宁运河的河道水质、水体及周围环境情况均不容乐观。为了更好地保护好运河济宁段的生态环境，济宁市政府结合清淤工程、截污工程、河岸绿化景观工程和桥梁工程等治理项目对河湖水系进行了综合治理，极大地改善了河道的水质，缓解了河道的淤积问题，使得运河济宁段的整体水体环境得到了最大程度的改善，保证了运河的生态健康，使之能继续发挥良好的工程效益。

（三）槎滩陂

槎滩陂在中华人民共和国成立以后，经过了多次的加固和扩建。槎滩陂初建时以木桩、竹篠为材料筑成，陂长百余丈，高二市尺。同时，又于滩下 7 里许筑碉石陂以引水，分 36 支渠道，灌溉面积覆盖了高行和信实（现今的禾市和螺溪）两乡镇的农田约 0.9 万亩，使经常因受旱而歉收的

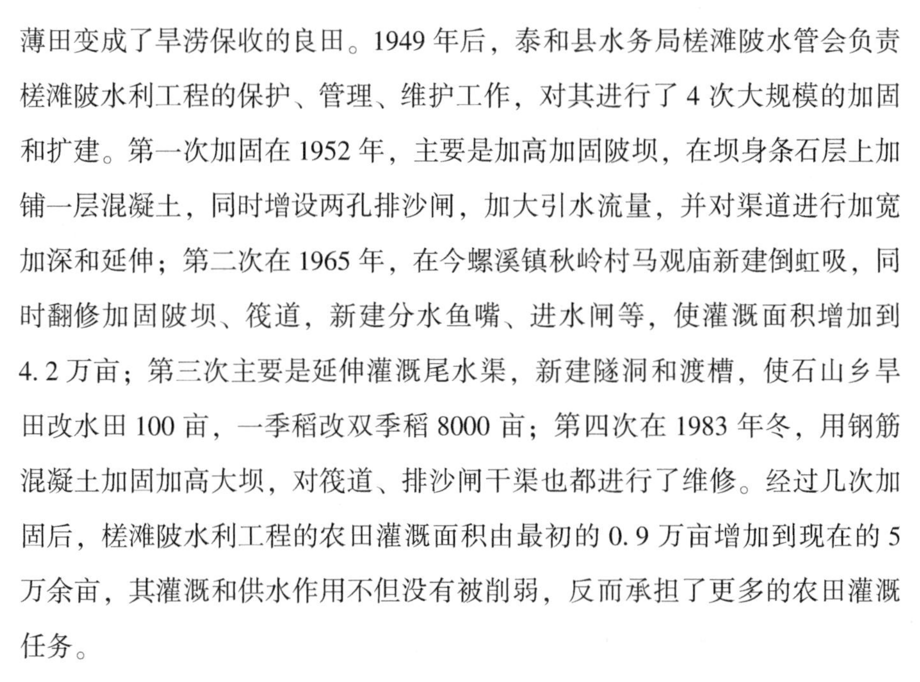

薄田变成了旱涝保收的良田。1949年后，泰和县水务局槎滩陂水管会负责槎滩陂水利工程的保护、管理、维护工作，对其进行了4次大规模的加固和扩建。第一次加固在1952年，主要是加高加固陂坝，在坝身条石层上加铺一层混凝土，同时增设两孔排沙闸，加大引水流量，并对渠道进行加宽加深和延伸；第二次在1965年，在今螺溪镇秋岭村马观庙新建倒虹吸，同时翻修加固陂坝、筏道，新建分水鱼嘴、进水闸等，使灌溉面积增加到4.2万亩；第三次主要是延伸灌溉尾水渠，新建隧洞和渡槽，使石山乡旱田改水田100亩，一季稻改双季稻8000亩；第四次在1983年冬，用钢筋混凝土加固加高大坝，对筏道、排沙闸干渠也都进行了维修。经过几次加固后，槎滩陂水利工程的农田灌溉面积由最初的0.9万亩增加到现在的5万余亩，其灌溉和供水作用不但没有被削弱，反而承担了更多的农田灌溉任务。

综上所述，运用现代的科学技术手段和新的建筑材料，在继承古代水利工程优秀设计理念的基础上，适当地对古代水利工程进行加固维护和改扩建，能使这些古代水利工程发挥了更大的工程效益。

二、提高公众意识，制订相应保护规划

近年来，我国在水利文化遗产保护方面陆续出台了相应的保护规划，对许多在用古代水利工程和水利遗产均加大了保护力度，其保护也得到了社会的普遍认同。2007年《中华人民共和国文物保护法》经修改后再颁布，引起了各级政府的高度重视；2009年，水利部规划计划司下发了《关于在用古代水利工程与水利遗产保护规划任务书的批复》。这些国家层面保护规划的实施，进一步推动了我国水利文化遗产保护工作的整体开展。针对一些影响较大的在用古代水利工程，如通济堰、都江堰、大运河和清

口枢纽等，国家也开展了一些有针对性的保护规划工作，这些单个工程的保护规划均结合了其自身独有的特点来制定，对江西省在用古代水利工程的保护规划非常有借鉴价值。

在制定相应保护规划时，我们不仅应该要和我国水利遗产方面的相关规划进行还应和当地城市发展规划进行，统筹考虑。在提高工程保护的可靠性的同时，促进水利遗产工程与周边区域协同发展，使其焕发新的生机。

（一）通济堰

通济堰是一座以引灌为主、蓄泄兼备的水利工程，建成以后一直被视为当地农业生产的命脉。中华人民共和国成立后，党和政府对其十分重视，为更好地保护通济堰，政府部门专门制定了《通济堰文物保护规划》，重点保护拱形大坝、主渠道、石涵、文昌阁、护岸古樟、历代碑刻及镇水石牛等，同时根据规划要求，有序地对堰坝、涵闸、主渠道进行整修，对詹、南二司马庙进行了复建。经全面治理，通济堰周边的环境风貌焕然一新。2001 年通济堰被国务院公布为全国重点文物保护单位。

（二）都江堰

都江堰作为世界知名的水利工程，不能仅仅将其作为水利遗产工程进行保护，而应该将其保护工作与区域整体规划相结合。为了做好都江堰的保护工作，四川省人民政府先后编制了《四川省水资源总体规划》和《四川省都江堰总体规划》等相关规划文件，明确规定了“涉及都江堰的保护规划应根据区域的经济社会生态发展全面考虑，科学地进行建设、管理和保护”。2017 年 7 月 28 日，根据国务院批准的《青城山——都江堰风景名胜区总体规划（2017—2030）》，将都江堰景区、青城前山景区、青城后

山景区、赵公山景区、王婆岩景区、鸡公堰景区及红岩景区等全部纳入青城山——都江堰风景名胜区进行“报团”统一规划，更有利于都江堰的可持续发展。

（三）大运河

大运河沿线人口密集，经济发达，水利基础建设众多，运河上除已建现代水利工程之外，尚有大量在建、拟建工程，以及正在实施的众多水利规划工程。其中，除运河支段的保护规划之外，与大运河关系密切的南水北调东线工程相关规划有 4 个，流域或区域性规划及计划工程项目有 28 个，运河全线复航相关动议或规划有 4 个①。这些规划、计划项目的实施，能使运河水系水利功能得到进一步的提升，使大运河的整体水环境、水生态状况得到进一步改善，相关区域防洪排涝的安全性得到进一步的加强②。

（四）清口枢纽

清口枢纽是黄河、淮河、中国大运河三条河流的交汇之处，也是中国大运河上最具科技含量的枢纽工程之一。近年来，清口枢纽加强了与当地规划的衔接，将所属的古清口风景区与《淮安市总体规划》《淮安市旅游规划》及《淮安市码头镇总体规划》等相关规划相结合，进一步地完善了清口枢纽的文化内涵。与清口枢纽相关的规划还包括《大运河遗产（淮安段）保护管理总体规划》《大运河遗产江苏省保护规划》《淮安市清口水利枢纽总体保护规划大纲》以及《淮安市清口水利枢纽总体展示规划》

---

① 郭文娟．京杭大运河济宁段文化遗产构成和保护研究［D］．济南：山东大学，2014.

② 李云鹏，吕娟，万金红，等．中国大运河水利遗产现状调查及保护策略探讨［J］．水利学报，2016，47（9）：1177-1187.

等，在一定基础上完善了清口枢纽的保护区划和保护措施，为清口水利枢纽的可持续发展奠定了良好的基础①。

综上所述，对于在用古代水利工程的保护，在制定保护规划时，不仅应依托我国水利遗产方面的相关政策法规，还应和当地城市发展规划进行结合，统筹考虑，在提高工程保护的可靠性的同时，促进水利遗产工程与周边区域协同发展，使其焕发新的生机。

三、形成多元化保护方式，积极申遗

近年来，在用古代水利工程和水利遗产的保护和利用工作已经越来越得到各级水行政主管部门的重视，并且也引起了文物部门的关注②。申遗和入选文物保护单位是水利行业之外的主要保护方式，可让在用古代水利工程和水利遗产争取到更多途径的资金投入，用于水利遗产的合理保护和有效利用工作。例如，许多仍在水利部门管辖范围内的在用古代水利工程和水利遗产先后被列入了世界文化遗产和全国重点文物保护单位等各种级别的文物保护单位。四川都江堰、中国大运河、红河哈尼梯田等入选世界文化遗产；四川东风堰、浙江通济堰、福建木兰陂、江西槎滩陂、浙江溇港、内蒙古河套灌区、江西千金陂等入选世界灌溉工程遗产；福建木兰陂、浙江通济堰、江苏洪泽湖大堤、安徽芍陂，还有江西省泰和县槎滩陂、庐山市紫阳堤等入选国家级文物保护单位；入选省级或县市级文物保护单位的在用古代水利工程和水利遗产数量更多，本文不详加阐述。除此之外，还可以探寻其他的途径，形成多元化的保护方式。

---

① 乔娜．清口枢纽水工遗产保护研究［D］．西安：西安建筑科技大学，2012.

② 王英华，谭徐明，李云鹏，等．古代在用水利工程与水利遗产保护与利用调研分析［J］．中国水利，2012（21）：5-7.

四、探寻适宜的管理模式及方法

与一般的现代水利工程和其他行业的文化遗产不同，古代在用水利工程具有特别属性——在用的、活着的文化遗产，对它的管理和保护应综合考虑如何将其历史价值与使用功能相结合、保护和利用效益相结合，使其能长久永续地发挥作用。

目前，古代水利工程的管理主要涉及两个部门：水利部门和文物部门。一方面，水利部门对在用古代水利工程的管理中，常常会存在“重使用，轻保护”的现象，使得许多在用古代水利工程得不到科学的保护。另一方面，由于缺乏在用古代水利工程修复和改扩建方面的相关标准和规范，导致许多有价值的在用古代水利工程难以得到真正的保护。对于文物的保护，国家法律方面出台了相应的《中华人民共和国文物保护法》，在行业内部也制定并出台了相应的法律法规、规程规范以及条例等，在制度方面相对比较完善，但更强调的是对文物的修缮、保养和迁移等，保护的主要原则是“必须遵守不改变文物原状”，这种原则在对文物保护方面是有利的，但对于文物的开发利用方面就容易形成限制。古代水利工程方面的保护，尤其是在用古代工程，如果照搬照抄文物部门的保护模式，就很可能会导致许多在用古代水利工程因无法按照其实际情况进行修缮而由“活遗产”变成了“死遗产”。因此，如何在现状情况下为具有重要水文化价值的水利遗产探寻适合的管理模式和方法就显得格外重要。近年来，我国一些影响较大的在用古代水利工程，如通济堰、都江堰等，在这方面做了不少工作。

（一）通济堰

通济堰水利工程在运行的过程中一直都在探索适宜的管理模式。通济堰在 19 世纪 70 年代以前是以农田灌溉服务为主，随着 19 世纪 80 年代中后期灌区工业用水需求的扩大和水产养殖的迅速崛起，通济堰的用水管理工作变得更为复杂。如何有效、系统地对其进行用水管理和维护工作，有关方面探索出了一套科学的、系统的管理模式。其管理模式分为四个分系统，分别为水源分系统、工程分系统、用水分系统和管理分系统。管理系统由业务管理机构（管理处或站）即专管机构和地方行政管理机构（县、支渠管理站、乡镇、村组）即行管机构两个机构组成。专管机构在用水、配水和调度等方面制定有关规划和计划；行管机构执行相关指令，重在实施和落实。例如，专管机构（通济堰管理处）集中掌握用水调度权；行管机构（支渠管理站）按支渠分得的水量配给斗渠、农渠，交村、组等来组织用水。两个机构分工明确，各司其职，联合管理，相互依存，有效地解决了用水矛盾和工程本身的维修保护问题①。

（二）都江堰

都江堰作为全国重点文物保护单位和世界文化遗产，政府为其专门制定了一系列的维护规章制度和相关条例，如 1994 年颁布的《四川省人民政府关于武侯祠等 88 处全国重点、省级文物保护单位保护范围的通知》确定了都江堰的保护范围。1997 年实施的《四川省都江堰水利工程管理条例》标志着对都江堰的保护和管理纳入了法制化的轨道，为都江堰的保护和管理提供了法律基础。2002 年，《四川省世界遗产保护条例》中进一步明确，“都江堰水利工程的建设、管理和保护按《四川省都江堰水利工程管理条例》的规定执行”，同时确定都江堰的保护工作应按照《四川省水资源总体规划》和《四川省都江堰总体规划》的要求，并根据灌区的经

---

① 李树全．通济堰灌溉管理的系统分析［J］．四川水利，1995（3）：39-42.

济、社会发展情况来统筹考虑，提倡科学地进行建设、管理和保护。这标志着都江堰已经进入省级规划层面。

各级政府同时还设立了相关管理机构对都江堰进行有效管理。从1950年设立川西都江堰管理处，到1978年正式成立隶属于四川省水利厅的四川省都江堰管理局，其主要职责为灌区的日常维护与行政管理，侧重于保护都江堰的水利功能、用水调度与维修保养。2000年，都江堰市专门成立了隶属于都江堰市住建部的都江堰世界文化遗产办公室，主要负责都江堰作为世界文化遗产的相关事宜，如文物、古迹和景观的保护等。两个机构互不隶属，分工明确，各司其职，这种管理模式既有效地保证了都江堰作为水利工程的正常运营，又合理地解决了都江堰作为世界级的文化遗产的保护问题。

第三节 小 结

综上所述，这些古代水利工程，不管是国内的还是国外的，能历经时间长河一直沿用至今，与其所处的各个历史时期的良好保护管理制度、机制息息相关。而要让它们能继续发挥工程效益，其管理保护机制应不断地改进和完善，主要体现在以下几个方面：

第一，在实践中不断完善工程设计理念。不同于其他工程，水利工程是为解决实际问题、造福一方百姓而存在的。为了适应不同时期的功能需求及解决实际中出现的问题，这些水利工程在运行过程中不断地完善其工程设计理念，修正其设计方案，才使得工程效益能够长久的发挥——对水利工程做最好的保护的关键也正在于此。古人对于水利工程的保护就是在发现问题和解决问题中，不断地对其进行改进，同时根据时代发展中人们的实际需求，不断完善工程设计理念和设计工艺，这是一种发展式的保护，是与时俱进的保护。

第二，在实践中不断完善法律法规。古代水利工程能世世代代地发挥作用除了与其科学设计理念相关，还与管理过程中制定相关的保护法律法规是分不开的。本文对这些相关的法律法规进行了整理，发现主要有以下几类：①适用于全国的农田水利法规，如唐代的《水部式》；②全国性行政法规，如“农田水利法”“井田沟洫制”等；③专门针对防洪问题的法规，如《河防令》等；④专门针对某一处水利工程而设立法规，如《通济堰规》等。我国自古就是一个农业大国，历朝历代都非常重视农田水利，均制定了农田水利管理方面的法律法规。这些水利方面的法律法规及相关保护制度不仅促进了水利工程的可持续发展，也反映了水利活动的经验传承。

第三，在实践中不断完善管理模式。除了相关的法律法规外，古代水利工程在其运行过程中还摸索出了许多符合当时社会背景的管理模式，古代水利工程能够治用至今离不开这些可靠的管理模式。在古代，无论是处于哪一个时期，地方民众都是水利设施日常维护及管理的主角。一些大型的水利设施采取的是“官督民办”或“官方与地方相结合”的管理体制。而众多小型的水利工程，从修建到日常维护管理等方面，均以当地受益民众为主体。这些管理模式都是因地制宜、因时制宜的产物。多年的管理和维护经验逐步形成了从民意出发、最大限度地对水利工程进行保护的管理体制。

第五章 江西省在用古代水利工程现状及存在的问题

本章主要通过现场调研和问卷调查相结合的方式，对江西省全省范围的在用古代水利工程开展全面调研，目的是为了探明目前江西省在用古代水利工程已有的保护模式、在用古代水利工程现状保护的基本情况及存在的主要问题，为后面制定江西省在用古代水利工程相关的保护、开发与利用策略提供基础资料支撑。

第一节　江西省在用古代水利工程现状及保护模式

通过对江西省在用古代水利工程保护模式的调查，江西省在用古代水利工程的保护模式主要有申报世界遗产、申报水利风景区、申报农业文化遗产、申报文物保护单位以及地方水利部门管理等。

一、申报世界遗产

申报世界遗产和世界灌溉工程遗产是扩大影响力、向社会传播水利文化的重要手段。2018年中央“一号文件”特别提出要加强“灌溉工程遗产保护”。许多在用古代水利工程和水利遗产先后申报了世界遗产和世界灌溉工程遗产。近年来，江西省开展了积极的申报工作。

（一）世界遗产

世界遗产是指被联合国教科文组织（United Nations Educational, Scientific and Cultural Organization, UNESCO）和联合国教科文组织世界遗产委员会（UNESCO World Heritage Committee）确认的人类罕见的、目前无法替代的财富，是全人类公认的具有突出意义和普遍价值的文物古迹及自然景观。世界遗产包括文化遗产、自然遗产、文化与自然遗产、文化景观遗产四类。

目前，国内在用古代水利工程中，四川省都江堰和中国大运河分别于2000年11月和2014年6月列入世界文化遗产名录，云南红河哈尼梯田于2013年6月列入世界文化景观遗产名录。然而，江西省目前尚无列入世界遗产名录的在用古代水利工程，赣州市拟用赣州章贡区现存宋代城墙、福寿沟、宋代浮桥、慈云塔、七里古窑等文化遗址申报世界文化遗产，打造宋代文化世界遗产公园。此申报工作还在筹备中。

（二）世界灌溉工程遗产

国际灌溉排水委员会（International Commission on Irrigation & Drainage, ICID）于2014年开始主持评选世界灌溉工程遗产。与联合国教科文组织主

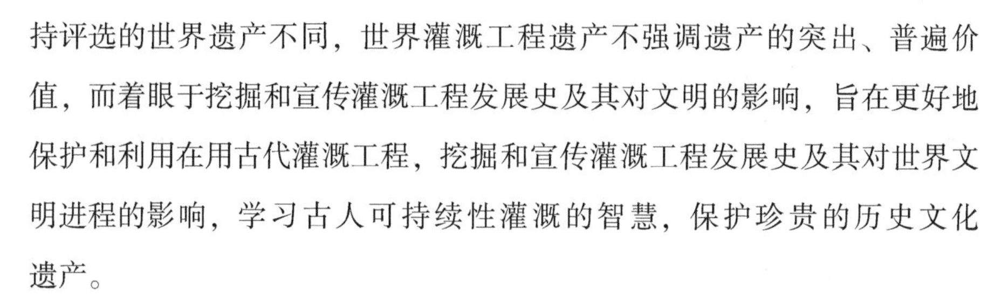

持评选的世界遗产不同，世界灌溉工程遗产不强调遗产的突出、普遍价值，而着眼于挖掘和宣传灌溉工程发展史及其对文明的影响，旨在更好地保护和利用在用古代灌溉工程，挖掘和宣传灌溉工程发展史及其对世界文明进程的影响，学习古人可持续性灌溉的智慧，保护珍贵的历史文化遗产。

目前，我国已有19处世界灌溉工程遗产，其中江西省泰和县槎滩陂于2016年入选世界灌溉工程遗产名录，江西省抚州千金陂于2019年入选世界灌溉工程遗产名录。

二、申报水利风景区

水利风景区是指以水域（水体）或水利工程为依托，具有一定规模和质量的风景资源与环境条件，可以开展观光、娱乐、休闲、度假或科学、文化、教育活动的区域，主要包括国家级、省级水利风景区。水利风景区在维护工程安全、涵养水源、保护生态、改善人居环境、拉动区域经济发展诸方面都有着极其重要的作用。江西省历年来列入国家级水利风景区的水利工程见表5-1，其中在用古代水利工程——崇义县上堡梯田水利风景区于2017年8月入选第十七批国家水利风景区。

表5-1　**江西省国家级水利风景区名录**

序号	名称	地区	评定年份
1	上游湖风景区	宜春市高安市	2003年
2	景德镇市玉田湖水利风景区	景德镇市	2003年
3	白鹤湖水利风景区	鹰潭市	2004年
4	井冈山市井冈冲湖	井冈山市	2004年

续表

序号	名称	地区	评定年份
5	南丰县潭湖水利风景区	抚州市	2004年
6	乐平市翠平湖水利风景区	乐平市	2004年
7	南城县麻源三谷水利风景区	抚州市	2004年
8	泰和县白鹭湖水利风景区	吉安市	2004年
9	宜春市飞剑潭水利风景区	宜春市	2004年
10	上饶市枫泽湖水利风景区	上饶市	2005年
11	赣州三江水利风景区	赣州市	2005年
12	铜鼓县九龙湖水利风景区	宜春市	2006年
13	安福县武功湖水利风景区	吉安市	2006年
14	景德镇市月亮湖水利风景区	景德镇市	2007年
15	都昌县张岭水库水利风景区	九江市	2009年
16	萍乡市明月湖水利风景区	萍乡市	2009年
17	会昌县汉仙湖水利风景区	赣州市	2009年
18	赣抚平原灌区水利风景区	地跨抚州、宜春、南昌三个市	2009年
19	星子县庐湖水利风景区	九江市	2009年
20	宜丰县渊明湖水利风景区	宜春市	2011年
21	新建县梦山水库水利风景区	南昌市	2011年
22	新建县溪霞水库水利风景区	南昌市	2011年
23	武宁县武陵岩桃源水利风景区	九江市	2012年
24	九江市庐山西海水利风景区	九江市	2013年
25	万年县群英水库水利风景区	上饶市	2013年
26	玉山县三清湖水利风景区	上饶市	2013年
27	广丰县铜钹山九仙湖水利风景区	上饶市	2013年
28	弋阳龟峰湖水利风景区	上饶市	2014年
29	德兴凤凰湖水利风景区	德兴县	2014年

续表

序号	名称	地区	评定年份
30	宁都赣江源水利风景区	赣州市	2014 年
31	新干黄泥埠水库水利风景区	吉安市	2014 年
32	吉安螺滩水利风景区	吉安市	2014 年
33	武宁西海湾水利风景区	九江市	2015 年
34	德安江西水保生态科技园水利风景区	九江市	2015 年
35	瑞金陈石湖水利风景区	瑞金市	2015 年
36	南城醉仙湖水利风景区	抚州市	2015 年
37	青原区青原禅溪水利风景区	吉安市	2016 年
38	弋阳龙门湖水利风景区	上饶市	2016 年
39	石城琴江水利风景区	赣州市	2017 年
40	崇义上堡梯田水利风景区	赣州市	2017 年
41	德兴双溪湖水利风景区	上饶市	2017 年

三、申报农业文化遗产

农业文化遗产包括全球重要农业文化遗产（Globally Important Agricultural Heritage Systems，GIAHS）和中国重要农业文化遗产。全球重要农业文化遗产在概念上等同于世界文化遗产，联合国粮食及农业组织（Food and Agriculture Organization of the United Nations，FAO）将其定义为："农村与其所处环境长期协同进化和动态适应下所形成的独特的土地利用系统和农业景观，这种系统与景观具有丰富的生物多样性，而且可以满足当地社会经济与文化发展的需要，有利于促进区域可持续发展。"中国重要农业文化遗产指在人类与其所处环境的长期协同发展中，创造并传承至今的独特的农业生产系统，这些系统具有丰富的农业生物多样性、传统知识与技术体系和独特的生态与文化景观等，对我国农业文化传承、农业可持续发展和农业功能拓展具有重要的科学价值和实践意义。中国重要农业文化遗产最早由农业部于2012年启动评选工作，每两年发掘和认定一批文化遗产，这也使我国成为世界上第一个开展国家级农业文化遗产评选与保护的国家。

在用古代水利工程中，云南哈尼稻作梯田系统于2010年入选全球重要农业文化遗产，由福建尤溪联合梯田、湖南新化紫鹊界梯田、广西龙胜龙脊梯田及江西崇义客家梯田组成的中国南方山地稻作梯田系统于2014年列入全球重要农业文化遗产名录。福建尤溪联合梯田、湖南新化紫鹊界梯田、云南红河哈尼稻作梯田系统、新疆吐鲁番坎儿井农业系统、广西龙脊梯田农业系统、浙江云和梯田农业系统、安徽寿县芍陂（安丰塘）及灌区农业系统以及江西崇义客家梯田系统先后列入中国重要农业文化遗产。

四、申报文物保护单位

文物保护单位是我国对确定纳入保护对象的具有历史、艺术、科学价值的古文化遗址、古墓葬、古建筑、石窟寺和石刻等不可移动文物的统称，并包括对文物保护单位本体及周围一定范围实施重点保护的区域。文物保护单位分为三级，即全国重点文物保护单位、省级文物保护单位和市（县）级文物保护单位，根据其级别分别由中华人民共和国国务院、省级政府、市县级政府划定保护范围，设立文物保护标志及说明，建立记录档案，并根据具体情况分别设置专门机构或者专人负责管理。

（一）全国重点文物保护单位

当前我国已公布了7批共4296项全国重点文物保护单位。在用古代水利工程中，中国大运河、浙江省它山堰、安徽省安丰塘、福建省木兰陂、四川省都江堰、陕西省郑国渠、河南省五龙口古代水利设施、云南省红河哈尼梯田以及新疆坎儿井水利工程等先后列入全国重点文物保护单位。江西省的泰和县槎滩陂、庐山市紫阳堤于2013年被国务院核定为第七批全国重点文物保护单位。

（二）省级文物保护单位

江西省省级文物保护单位总量达949处，数量位居中部六省第二。

在用古代水利工程中，泰和县槎滩陂、安义县圣水塘于2006年被江西省人民政府批准为第五批省级文物保护单位；赣州市福寿沟、婺源县汪口平渡堰于2018年被江西省人民政府批准为第六批省级文物保护单位。

（三）市（县）级文物保护单位

目前，江西省列入市（县）级文物保护单位的在用古代水利工程有7处，见表5-2。

表5-2　　江西省市（县）级文物保护单位

序号	名称	年代	地区	级别	评定年份	备注
1	韶口古码头	清	万安县	县级	1990	
2	虹井	清	婺源县	县级	1985	
3	雯峰陂	明	广昌县	县级	1983	
4	南安东山古码头	清	大余县	县级	1992	

续表

序号	名称	年代	地区	级别	评定年份	备注
5	古石坝	明	乐平	县级	1983	
6	李渠	唐	宜春	市级	1984	
7	千金陂	唐	临川区	市级	2017	

五、列入水利行业部门管理

根据调查，目前江西省列入地市水利部门管理的在用古代水利工程有18处，见表5-3。与前文全省古代水利工程总量相比，由水利部门管理的工程所占比例相当小，大部分由当地群众自发管理或处于无人管理状态。

表5-3　　水利部门管理古代水利工程

序号	名称	年代	地区	备注
1	述陂	唐	临川区	
2	博陂	唐	临川区	
3	梓陂	唐	崇仁县	
4	长沙陂、山家陂	明	临川区	
5	南湖	唐	抚州市	
6	宝水渠	隋	崇仁	
7	永丰陂	明	宜黄	
8	郭溪古堤	明	东乡	
9	通汝闸	清	东乡	
10	甘泉陂	明	乐安	
11	桑田陂	唐	南丰	

续表

序号	名称	年代	地区	备注
12	鄱阳陂	唐	南丰	
13	海天堤	唐	九江	
14	李公堤	唐	九江	
15	谢公堤	唐	九江	
16	封郭洲堤	唐	九江	
17	梅陂	宋	泰和	
18	汤陂	明	泰和	

六、其他方式

（一）水利工程博物馆

建设水利博物馆是宣传、普及水利文化的一种有效途径①②。近几年来，国家和部分省市已建设或正在建设相关的水利博物馆，其中有国家级的博物馆，有省级地方性质的博物馆，有针对大型河流流域的博物馆，也有针对单一水利工程的博物馆。现选择一些有代表性的水利博物馆介绍如下：

1. 中国水利博物馆

中国水利博物馆地处杭州钱塘江南岸，是水利部直属的国家级行业博

---

① 李可可，张巧玲．我国水利博物馆建设的基本理论问题［J］．中国水利，2012（11）：59-61.

② 谌洁．我国水利博物馆的初步研究［J］．水利发展研究，2011，11（9）：73-76.

物馆。中国水利博物馆于 2005 年 3 月开工建设，2010 年 3 月建成开馆，建成后的中国水利博物馆场馆建筑面积为 3. 65 万平方米，采用“塔馆合一”的设计，实现了古典风格、现代材料和先进技术的完美结合，成为“漂在水上”的水晶宝塔。博物馆综合教育、研究、收藏、保护和交流等功能，已开放的展陈内容有水与人类文明展区、水利千秋基本陈列展区、龙施雨沛展区和室外的镇水、分水、祈水文化展区等。

近年来，中国水利博物馆加快推进水文化传承体系建设，致力于发掘、保护和传承水利遗产，总结治水历史经验和教训，在水利遗产资源调查、水文化理论研究、水利遗产的数字化保护和生产性保护等方面取得了阶段性成果。该馆高度重视水文化传播和教育工作，不断策划并推出大量文化、科普和青少年教育活动以及水文化节、“江河湖海”水文化游学、对外社教“节目单”服务体系等特色活动，经历了常态化和规模化发展，积累了口碑，打响了品牌。

此外，中国水利博物馆还不断充实和完善各类水利遗产专题内容。在水利部和浙江省的大力支持下，以“馆中馆”的形式构建了浙江治水馆。在建设中的水科技馆里，观众可以在远古洪荒的穿越之旅中感受水对生命的哺育，在人造台风的体验中学习防灾和水安全知识。

2. 长江文明馆

武汉市人民政府以举办第十届中国（武汉）国际园林博览会为契机，兴建长江文明馆。博物馆于 2013 年 11 月 13 日破土动工，2015 年 9 月 25 日落成开放，长江文明馆位于园博园的核心位置，馆舍面积 3. 1 万平方米，其中展览面积为 1. 28 万平方米。展览以“讲好长江自然生态的故事”和“讲好长江历史文明的故事”为主线，紧紧围绕生态长江、文化长江、经济长江为展示重点，利用序厅、自然厅、人文厅、体验厅和临展厅五大展出平台，集中展示了反映长江自然生态、人类文明的珍稀动植物标本与珍

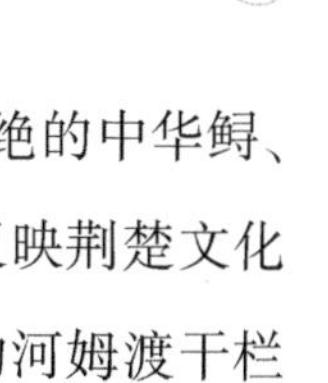

贵文物 1700 多件。其中不乏憨态可掬的国宝大熊猫、濒临灭绝的中华鲟、反映巴蜀文化的三星堆戴金面罩青铜人头像和玉璧、玉璋；反映荆楚文化的盘龙城大玉戈和曾国第一剑、华夏第一马；反映吴越文化的河姆渡干栏式建筑与良渚玉琮等标本与文物精品。精美的文物展品、新颖的展陈形式、人性化的服务设施，为更多人认识长江、热爱长江架起了一座沟通的桥梁。

3. 黄河博物馆

黄河博物馆的前身是治黄展览会。1955 年 4 月 17 日，展览会首次在郑州举办“治理黄河展览”，这一天也成为黄河博物馆建馆纪念日，随着治黄事业的发展、藏品的日渐丰富和功能的日益完善，于 1987 年 6 月、正式更名为“黄河博物馆”，成为弘扬黄河优秀历史文化，传播水利科学知识，教育人们树立生态保护和防汛抗灾意识，宣传人民治黄成就，弘扬爱国主义精神的重要场所，被誉为“黄河巨龙的缩影”。2005 年年底，黄河博物馆新馆开始建设，位于郑州市迎宾路 402 号，占地 40 亩，建筑面积为 7045 平方米。新馆基本陈列以“华夏国脉——黄河巨龙的缩影”为主题，以自然黄河为基础、文化黄河为内涵、人河协调关系为主线，全面展示黄河自然史、文明史、历代治河史、新时期治河新理念和实践等内容。2012 年 9 月 27 日，黄河博物馆正式对社会开放。

4. 陕西水利博物馆

陕西水利博物馆是陕西省机构编制委员会办公室于 2014 年 2 月 8 日批准成立的陕西省水利厅直属全额事业单位，属正处级建制，是一座集水文化收藏、展示、研究、水科普教育及园林景观艺术于一体的、陕西省唯一的专业水利博物馆。

陕西水利博物馆位于陕西省咸阳市泾阳县王桥镇，毗邻咸旬高速、关中环线，距西安市 60 千米，总占地 66742 平方米，其中绿化面积为 30592

平方米，建筑面积5520平方米。馆区分为水文化大道、文化广场、主展馆和仪祉墓园四个区块，建有节水灌溉示范园、百米浮雕墙、文化柱、纪念碑、竹林、樱花林、柏树林等自然人文景观，景观别致，极具意蕴。展馆内分为古代水利、近现代水利、陕西水利、水利科普四个展区，通过历史文物文献、沙盘模型、浮雕泥塑以及幻影成像等高新科技手段，全画幅地展示陕西悠久的治水历史和光辉灿烂的治水文化，再现了“中国近代水利先驱”李仪祉先生为水利事业鞠躬尽瘁的一生和治水伟绩，彰显了中华人民共和国成立以来陕西水利取得的巨大成就，是水利历史文化收藏、展示及水科普宣传的文化盛殿，也是陕西水文化建设的地标性建筑。

5. 宁夏水利博物馆

宁夏水利博物馆坐落于青铜峡峡口地区，青铜峡水利枢纽下黄河右岸。宁夏水利博物馆于2010年3月建设，2011年9月建成。该馆分上下两层，总建筑面积为4085平方米，布展面积3000平方米，规划投资4000万元。水利博物馆建筑设计独特，采用秦汉时期的高台式建筑风格，馆顶为青铜扭面顶，周围衬托景观水系和微缩黄河地面景观，与北面的九渠广场、青铜古镇遥相呼应，形象揭示出宁夏水利的秦风汉韵。外墙运用线刻艺术，以浪花和祥云贯穿，行云流水般勾勒了秦汉移民屯垦开渠、太宗大会百王、西夏王朝雄风、塞上水利新貌等线雕，全面展示出宁夏经济社会发展史就是一部波澜壮阔的水利开发建设史。

宁夏水利博物馆馆内共设序厅、千秋流韵、盛世伟业、水利未来、水利文化、水利人物六大部分共23个单元，展陈汉代五角形陶质水管、宋代灰陶水管、民国渠绅碑、汉渠碑首、钮公德政生祠碑等文物（实物）537件，展示蒙恬、刁雍、李元昊、郭守敬等治水人物雕像6具，塑造昊王开渠、塞北江南等场景沙盘多处，展示了2000多年来宁夏深厚的水文化积淀和千秋流韵的治水历史，全面反映了中华人民共和国成立至今宁夏水利建

设取得的辉煌成就。宁夏水利博物馆的建成，填补了宁夏水利行业博物馆建设空白，丰富了中国水文化建设载体。

6. 保定水利博物馆

保定水利博物馆的基本定位是河北省首座水利专题博物馆，也是华北地区首座充分利用古代水利管理衙署建筑遗址为载体而建造的博物馆。该馆以清河道署建筑遗址为载体，建成一个集历史性、专业性、文化性、科普性、互动性、宣传性于一体的博物馆。清河道署作为华北地区唯一现存较好的古代水利管理衙署，曾在清代九河肆虐直隶省时起到了“定海神针”的作用。修缮后的清河道署古建筑面积为1840平方米，其中1500平方米作为水利博物馆展区，以保定市自古至今的水利建设历程、科技成就及其与当地经济、社会、生态、环境、文化等现实因素的关系为核心内容，利用当前高新展示技术和参与、互动、科普的形式进行布展。

7. 洛阳市水利博物馆

洛阳市水利博物馆位于西苑桥上游橡胶坝处，在洛河北岸依水而建，总建筑面积约5200平方米，是洛河市区段水景功能提升项目之一。建筑物设计为三层，造型典雅美观，彰显唐宋风韵，成为展示洛阳水文化和水利历史知识、水利建设成果的窗口。

8. 宿迁水利遗址博物馆

宿迁水利遗址博物馆位于江苏省宿迁市宿豫区现代农业产业园核心，为国家AAA级旅游景区，占地面积约75000平方米，南临大运河、东至金沙江路、北到二干渠、西跨陆塘河，是宿迁市重要的水利文化科普教育基地。景区内有宿迁水利展示馆、入口广场“动力”雕塑、老翻水站遗址、老油库遗址、松涛大道、亲水栈道、宿迁水利丰碑人物雕塑群、运河湾码头、运河湾“扬帆运转”水泵雕塑区、运河往事水景广场、现代化泵站等10余个景点。

9. 上海元代水闸遗址博物馆

上海元代水闸遗址博物馆位于上海市普陀区志丹路、延长西路交界处，是迄今为止中国最大的元代水利工程遗址，也是国内已考古发掘出的规模最大、做工最好、保存最完整的元代水闸，占地总面积约1500平方米。它的发现在中国古代水利工程发展史上有着极其重要的地位，为了解古代水利建造的工程技术流程提供了直接的依据，对研究中国古代水利工程，特别是宋元时期江南地区的水利工程、吴淞江流域的历史变迁、长三角地区的经济成长等都具有非常重要的科学价值。

10. 扬州水文化博物馆

扬州水文化博物馆坐落于古运河边的康山文化园1912街区的西南角，整个博物馆从“水的历史”“水的文化”“水的治理”“水的利用”四个方面，全面展示扬州与水生生相息的关系：扬州自古因水而发、缘水而兴，襟长江，枕淮河，中贯京杭大运河，境内河湖广布，扬州是我国唯一的与古运河同龄的“运河城”，“水城共生”成了扬州独特的城市形态。

11. 中国大运河博物馆

中国大运河博物馆位于杭州市北部拱宸桥地区，东起金华路、南至衢州街、西临京杭大运河、北接拱墅区政府。它的西侧是古老的拱宸桥。总用地面积为52910平方米（含运河文化广场），建筑面积为10700平方米。中国大运河博物馆展览区共分五个展厅：序厅——地球上的运河、中国大运河，第一展厅——运河的开凿与变迁，第二展厅——大运河的利用，第三展厅——大运河杭州段的综合保护，第四展厅——运河文化。

目前江西省还未有修建完成的相关水利博物馆，只有两座水利博物馆在筹备当中：

（1）赣州福寿沟的保护项目于2016年获批，对现存约12.6千米长的福寿沟地下排水构筑物进行勘察及保护修缮，项目总投资9800万元，其中

包含一座面积为 8000 平方米的福寿沟博物馆。

（2）抚州市计划对千金陂遗址进行原址修复，打造一座能宣传水利成果，普及水利知识，传播水利文化，承载水利传统，展示水利前景，弘扬水利精神的水利博物馆。

（二）数字博物馆

数字博物馆的概念在国内外至今还没有形成一个统一的定义，目前较为广泛的一种观点是数字博物馆具备传统博物馆的基本功能，但是连接了互联网以及多种形式的信息服务功能等，是一个综合性的数字化平台。作为博物馆，收藏、研究、教育以及展示等都是其基本职能，而除此之外数字博物馆却有许多新特征，如藏品数字化、利用多媒体向公众展示、跨越时间与空间的限制对藏品资源进行展示与利用，实现全球共享、基于数据库实行数字化管理模式、个性化的特色服务，等等①。

我国数字博物馆的建设经过努力，网站建设发展很快，博物馆藏品的数字处理达到了一定的数量，故宫博物院、上海博物馆、首都博物馆、南京博物院等的数字化水准已经达到或接近了发达国家的水平②。陕西省目前已完成 143 家数字博物馆网络虚拟馆建设，并推出陕西数字博物馆口袋版、文物三维数字魔卡等珍贵文物数字化保护、展示与利用项目。

近年来，江西省文物、陶瓷等行业在数字博物馆方面进行了一些尝试。2015 年，中国陶瓷博物馆进行了数字化改造，建成了基于网络的“景德镇数字陶瓷博物馆”，利用三维的建模和贴图等技术实现了对古陶瓷精

---

① 张媇．数字博物馆现状及未来发展趋势分析［J］．信息化建设，2016（3）：239.

② 王耀婍．国内外数字博物馆比对研究［J］．现代装饰（理论），2015（12）：295.

品的数字复原、古代名窑的数字化展示和制陶场景的模拟，解决了陶瓷藏品展示手段单一的问题①。南昌汉代海昏侯国遗址博物馆网上博物馆的上线，使民众可以通过网络平台，足不出户就能一睹千年古墓中出土的无数珍奇。

目前，江西省古代水利工程数字博物馆尚未建设，仅泰和槎滩陂古代水利工程在三维虚拟动画展示方面进行了一些研究②，抚州千金陂数字水利博物馆在设计方案方面正在开展一些研究工作。

第二节　江西省在用古代水利工程保护工作中存在的问题

江西省在用古代水利工程和水利遗产的保护工作起步较晚，社会基础薄弱，相关的古代水利工程研究工作才刚起步，相关的宣传教育开展得不多，政府职能部门和公众对在用古代水利工程和水利遗产的功能和价值认识度普遍不高，缺乏相应的保护意识和重视。因此，江西省在古代水利工程保护工作中存在许多薄弱环节和突出问题，现状不容乐观，主要表现在以下几个方面。

一、保护意识不强，保护理念不科学

长期以来，对待在用古代水利工程和水利遗产没有像对待城市历史街

① 杨超．构建景德镇数字陶瓷博物馆的研究实践［J］．中国陶瓷，2015，51（11）：51-56.

② 王姣，刘颖，彭圣军，等．基于三维建模技术的槎滩陂水利工程数字保护研究［J］．江西水利科技，2018，44（4）：265-269.

区、古代建筑的保护那样，纳入城乡规划和管理中，社会普遍对在用古代水利工程和水利遗产的功能和价值缺乏认知。特别是近几十年社会经济的发展推动大规模基础建设，一切推陈翻新，普遍存在“厚今薄古、厚用薄废”的思想，导致许多在用古代水利工程和水利遗产遭到了不同程度破坏。许多历史时期曾承担城市行洪排涝功能的河道被不断挤占或填埋，具有重要历史价值的闸、坝、堰等在用古代水利工程被盲目改扩建，甚至拆除，如 2014 年 11 月，崇仁县为解决交通难题，将一座拥有 175 年历史的黄洲桥实施拆除而引发民众争议。这种保护意识淡漠的状况，也存在于水利行政管理部门中，导致有些在用古代水利工程虽然被列入了保护项目，但保护的措施却迟迟不到位，如 2013 年紫阳堤被列入全国重点文物保护单位后，长期处于修缮设计阶段，保护措施迟迟不到位，加之一些渔民停泊船只时为了省事，直接将缆绳系在石条上，随着鄱阳湖的巨浪日积月累地拍打，石头出现松动并移动位置，使得紫阳堤的石条横七竖八、破败不堪。

有些在用古代水利工程虽然被列入了保护方案中，却常常会出现偏重自然风光的开发改造，而不重视水利遗产资源保护与利用的问题，使水利遗产处于自生自灭状态。有的地方或过于强调开发、利用，随意根据现代设计意图，变更水利遗产的功能和形式，破坏了水利遗产本身的文化内涵和历史印记；或固守传统保护观念，没有进行资源优化整合与深入挖掘，无法充分发挥水利遗产的功能和作用。在水利遗产的保护与修复工作中，由于缺乏专业、操作不当或调查不充分等原因，也会导致程度不同的破坏，造成所谓的“保护性破坏”。

二、法律法规不健全，制度体系不完善

关于古代水利工程保护利用的相关法律法规不健全，《中华人民共和

国文物保护法》以及《中华人民共和国水法》《中华人民共和国防洪法》《中华人民共和国河道管理条例》等涉水法律法规，包括《水利风景区管理办法》都没有对水利遗产的保护与利用的相关问题作出明确规定，并且《中华人民共和国文物保护法》强调对文物的修缮、保养和迁移等“必须遵守不改变文物原状的原则”，这种仅强调“保护”而限制“利用”的理念，无法完全契合在用古代水利工程“在用的”“活着的”文化遗产这一特性。而水利部门往往更看重古代水工程的功能和效益，轻管理与保护，即使想开展保护工作，也无相关的法规规范、技术标准作为参考依据。没有规范统一的技术标准体系，只能依靠传统经验或认知对水利遗产的保护利用工作进行主观判断，使得许多有价值的水利遗产得不到科学、有效的保护。此外，当前对古代水利工程的价值评估比较主观随意，科学权威的价值评估体系尚未得以构建，主观片面、武断随意地定性水利遗产的现象比较突出，难以真正让政府部门和公众了解古代水利工程深厚的历史文化价值。

三、管理机构冗杂，管理职责不清晰

目前古代水利工程的管理主要涉及水利、文物、旅游、航运、住建等部门，有时由多个部门兼管。各部门自成体系，权责不明，但如不明确各自职责，通力合作，将不利于保护工作的落实。特别是跨区域、涉及部门众多的水利工程，没有统一的管理机构，不同地区之间又有行政区划的界限，即使同在水利系统，仍有流域机构和地方水行政主管部门的区分。部门和地区间会有许多具体事务和实施层面的细节问题需要协调解决，而事实上基本没有方便有效的协调途径和常态化的合作机制。此外，还有相当数量的小型水利工程由县级、乡级政府或村委会管理，甚至有的处于无人管理的状态。随着农村土地所有制的改变，基层公共

工程管理缺失，此类古代水利工程处于自生自灭状态。江西省拥有一批千百年历史的乡村水利工程，目前只有少数在具有较强宗族意识的村落中得到良好维护而保存下来。

四、经费渠道不畅通，人才结构不合理

要实现古代水利工程的持续性保护，必须要求一定的经费、技术和人才保障。在保护资金上，目前仍缺乏水利遗产保护的常规经费和专项经费，除列入文物保护范围的水利遗产，绝大部分缺乏财政经费支持。尤其是位于乡镇、村落的小型堰坝陂塘等工程类型的遗产，大多因经费不足而面临年久失修的窘境，这也是许多乡镇政府和村集体管辖下的、具有历史价值的古代水利工程年久失修的主要原因之一。政府财政投入尚且不多，民间资本、公益基金在古代水利工程保护中的引入更是极少。因此，有必要多方面寻求古代水利工程保护经费渠道——既要有政府财政经费的支持，也应有民间资本、公益基金、旅游开发收益等资金的投入。在保护技术方面，相关基础研究不足，如与古代水利工程保护与利用有关的规划、设计、监测、管理、施工材料和工艺等技术层面的研究还远远不够，以致发生破坏性保护的直接原因大多是缺乏科学、专业的技术支持。综合考虑古代水利工程的历史与未来，深入探讨水利遗产保护、管理的关键技术、手段、方式、途径与程序等工作，还有待相关政府部门和科研院校进一步开展。此外，古代水利工程保护与利用工作涉及水利工程、文化遗产、景观园林、经济社会发展等诸多领域和专业，需要精通遗产保护、水利建设、园林规划、旅游管理等专业型人才。而现实情况是，江西省古代水利工程大部分处于无人管理状态，保护管理人才的缺失是江西省古代水利工程保护与利用工作的一块短板。

第六章

江西省在用古代水利工程保护策略研究

通过第五章，我们可以看到江西省在用古代水利工程均普遍面临诸如地方政府和公众认知度不足、城镇化建设性破坏、管理体制与机构不健全、维修保护经费和人才缺失等问题，如未引起足够的重视，这些珍贵的水利遗存将遭受损毁、替代直至消失。因此，开展在用古代水利工程和水利遗产的保护研究应是当今水行政主管部门和水利工作者的一项重要工作，将在用古代水利工程和水利遗产的保护纳入水利事业范畴，是时代赋予水利事业的新使命。

本章主要针对江西省在用古代水利工程保护的现状和存在的主要问题，论述在用古代水利工程保护的目标与原则，从保护理念和意识、相关法规制度体系、管理机构和管理职责、保护经费、技术和人才等方面提出江西省在用古代水利工程的相关保护策略。

第一节　保护目标

一、延续历史文脉，传递历史信息

文脉是文化上的延续和承启关系，是符号信息的联系与传递①。在用古代水利工程是一个地区历史文化的载体，区域在用古代水利工程群反映着当地历史文化延续和发展，是一种不可再生的文化资源。对其开展保护工作，必须是在延续其历史文脉的基础上进行保护修缮和改造利用，这样才能较好地保证其原真性和文化内涵。在用古代水利工程的文脉延续包括两层含义：一是指在用古代水利工程物质要素的延续，如工程布局、结构形态、建筑工艺、历史风貌等；二是指在用古代水利工程非物质要素的延续，如与水利工程或水利活动有关联的工程管理设施和法规制度、碑刻、神话传说、祭祀仪式以及文献典籍等。对物质要素的延续，必须确保在用古代水利工程结构样式上的延续，在修缮过程中尽可能地保证其工程功能的延续性和历史信息的完整性。历史文脉的延续不仅仅是物质要素的延续，同样也包括地域文化、民俗文化、社会生活结构在内的非物质文化要素的延续。

二、丰富文化内涵，提升区域活力

在用古代水利工程具有丰厚的文化价值，有些领域是现代水利工程尚

① 吴佶．同里古镇历史建筑调研分析及保护策略——以三桥历史文化街区为研究范围［D］．苏州：苏州大学，2015.

未超越的，如水权理论、水利管理中的人文内涵等。唐代颁行的《水部式》是关于水资源管理的专门行政管理法规，对于水资源的利用、分配、节水等内容有着较为详细的规定，内容包括农田水利管理、碾硙的设置及其用水量的规定、船运船闸的管理、渔业管理等内容，具有一定的历史先进性。泰和县槎滩陂能保存至今，除了其科学选址、合理设计之外，先进的管理制度和经验也是不可缺少的。为确保槎滩陂不被个人或家族霸占，周氏子孙在政府的支持下共同制定了“五彩文约”，文约规定：在遵守仁、义、礼、智、信的原则下，实行族长轮任制度。“五彩文约”堪称当时最早的“农民用水协议”。在用古代水利工程所附有的水权理论、水工程管理模式体现了古人高超的智慧，是当地优秀传统文化的重要组成部分。如今，结合在用古代水利工程巧妙的布局、高质量的景观环境和生态环境，许多地区将在用古代水利工程所在区域打造成著名风景旅游区，使其成为旅游热点并发展水文化，提升了当地的文化活力和知名度。

三、保护与利用相结合，延续古代水利工程的生命

在用古代水利工程保护与利用是相辅相成的辩证关系，对在用古代水利工程进行保护的目的是延续工程的功能或者再利用，而利用也是一种积极主动的保护方式。在保护的基础上对在用古代水利工程的再利用，一方面可以使工程生命得到延续。工程生命由物质生命和功能生命组成，其物质生命一般大于其功能生命，因而可以通过再利用来注入新的功能生命，实现工程的生命价值①。另一方面，保护与利用相结合可以实现经济效益与社会效益的双丰收。通过对在用古代水利工程进行保护，让其历史文脉

① 翟小昀．借鉴国外经验研究探讨我国古建筑保护及维护［D］．青岛：青岛理工大学，2013.

得以延续，从而使文化资源也得到极大的保护与传承。再利用是一种低投入、高回报的投资，不仅节约成本，还可以带动区域旅游经济的发展。同时，保护与利用相结合可以提升当地居民地域文化的认同感，巧妙地体现地域文脉价值，让游客感受别样的地域文化。

第二节　保护原则

（一）整体性原则

整体性是贯穿在用古代水利工程保护工作的重要原则。整体性原则首先要求对在用古代水利工程的保护应着眼于整个工程所在区域，充分挖掘其在整个区域形态、风貌等方面所起的作用，让在用古代水利工程与区域历史环境、自然环境相协调①。此外，整体性原则另外一层含义是指在工程本体得以保护的同时，还要注重其承载的社会人文信息，确保文脉的延续与传承。在用古代水利工程集文化价值、经济价值、社会价值、艺术价值于一身，是包括工程本身、区域环境以及社会人文内涵等要素在内的统一整体，因而对在用古代水利工程的保护是一个系统性工程，必须作综合性、整体性的考虑，协调短期利益与长远利益、经济效益与社会效益之间的关系。

（二）原真性原则

原真性原则的对象为用古代水利工程最初的真实原物以及相应历史信

① 刘晓星．绍兴市古代水利建设与地区景观发展初探［D］．北京：北京林业大学，2012.

息。在用古代水利工程是过去某个时期政治、经济、文化背景下的产物，承载着大量历史信息，因此，在对其进行程保护的过程中，首先应对地域文化、历史背景深入调查研究，最大限度地确保在用古代水利工程的原真性和历史信息的准确性。同古建筑一样，古代水利工程在保护、修缮时，应坚持“修旧如旧”，尽量采用原有的建筑修缮工艺及材料，做到最低程度的干预。当然，原真性并非要求对在用古代水利工程进行原封不动的修缮、恢复。因为在用古代水利工程一个重要的价值是其功能，因而要在充分尊重历史的前提下，对其进行合理的改造、利用，使其生命得到延续，从而最大程度地发挥其价值。

（三）可持续性原则

在用古代水利工程及其所在的区域是一个不断发展的有机体，因此对其进行保护要坚持可持续性原则，让在用古代水利工程及其所在的区域能不断发展，永葆活力。对在用古代水利工程应积极探索合理的开发与利用模式，优化功能布局，在保护其历史风貌的前提下充分实现其价值，达成保护与发展的良性循环。对在用古代水利工程的保护是一个不断发展的过程，应采取循序渐进的模式，使在用古代水利工程的保护工作逐步有序地开展，从而推动在用古代水利工程及其所在区域的可持续发展——不仅仅是对其做物质形态上的保护，还要注重在历史文化、社会结构和经济发展方面的可持续性。

（四）保护与更新平衡的原则

在用古代水利工程的保护与更新是相辅相成的，保护是更新的前提，更新也是保护的一种手段。保护与更新的目的就是在“保护”与“发展”中找到一个平衡点，这样不仅可以维持高质量的建筑性能和使用性能，而且可以保留和传承其承载的文化意义和历史价值①。但是，很多情况下保护与更新之间会出现一定的矛盾。因此，对在用古代水利工程进行保护与更新的过程中不能片面追求经济效益，应在保护的前提下对在用古代水利工程进行合理利用，充分挖掘其内在的文化价值，杜绝盲目开发或缺乏科学规划的粗放型开发模式，从而确保在用古代水利工程的可持续利用和发展。具体来说，平衡策略体现在对工程外观、特征、结构等方面尽可能地维护、保留，而当工程局部受到损坏而不得不更新时，也应尊重原有的建筑形态和风格特征。当工程无法满足现代使用需求时，则应在不影响建筑结构、外观和整体效果的基础上，对工程的功能、设施等进行适度的改造。

第三节　保护策略

一、强化责任、增强意识

（一）发挥政府部门的主导作用

政府职能部门在在用古代水利工程和水利遗产的保护工作中具有不可替代的主导作用，一定程度上，政府职能部门的决策将直接影响保护工作的成败。当前江西省对在用古代水利工程和水利遗产的保护工作尚处于起步阶段，社会各界对在用古代水利工程和水利遗产的认知度存在很大差

---

① 刘建刚，谭徐明，邓俊，等．大运河遗产水利专项规划的保护与利用策略［J］．中国水利，2012（21）：10-13.

异，例如，有的地方对在用古代水利工程既不进行保护，也不加以开发利用，致使这些在用古代水利工程处于自生自灭状态①；有的地方虽然将在用古代水利工程列入了保护项目，但保护的措施却迟迟不到位。因此，需要政府职能部门在前期就发挥出应有的组织领导作用，营造科学、合理的保护氛围和良好的投资开发环境，推动在用古代水利工程的各项保护工作落实到位。

同时，政府职能部门应协调其他相关职能部门，制定和完善与在用古代水利工程保护相关的法律法规、地方条例以及管理制度等，并建立地方政府、工程管理机构和专业保护机构之间的协作机制等。

另外，对在用古代水利工程的保护需要消耗大量财力物力，这也需要政府职能部门作为主导，确保保护资金的投入和使用，这样才能让保护工作合理、有序、长期地开展。

（二）明确各保护机构的职责

中央和地方政府是在用古代水利工程保护工作的组织者、领导者，负有领导责任，对在用古代水利工程的保护工作是工作任务之一。水行政主管部门作为在用古代水利工程保护工作的主体，应全面肩负起在用古代水利工程的保护工作。要想做好这方面的工作，首先必须全面了解江西省在用古代水利工程的基本情况，对全省的在用古代水利工程和水利遗产展开全面普查，建档立案，登记造册，并将在用古代水利工程的保护工作纳入水行政主管部门的管理职责中。

同时，在用古代水利工程的保护工作还与文物、航运、住建、国土、

① 周波，谭徐明，王茂林．水利风景区水文化遗产保护利用现状，问题及对策［J］．水利发展研究，2013，12：86-90.

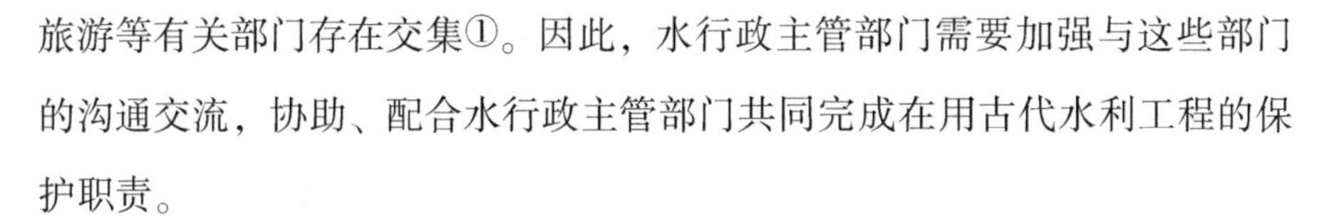
旅游等有关部门存在交集①。因此，水行政主管部门需要加强与这些部门的沟通交流，协助、配合水行政主管部门共同完成在用古代水利工程的保护职责。

此外，为提高民众的参与度，可以设立从政府到个人的多层次的在用古代水利工程保护管理机构，包括水利遗产管理局、各级政府、相关团体组织，形成官方、民间共同参与保护、共同监督的管理模式，确保遗产保护的有效性。

（三）提高公众理念和意识

对在用古代水利工程，公众的认知基本停留在都江堰、郑国渠、京杭大运河等著名工程上，而对江西省在用古代水利工程知之甚少，更谈不上让公众参与到在用古代水利工程的保护工作中去。因此，政府及水行政主管部门一方面要积极开展在用古代水利工程的普查和宣传教育工作，提高公众对在用古代水利工程及其所蕴含价值的认知度；另一方面，要从多个层面提供能让公众参与在用古代水利工程保护工作的渠道，如在相关政策的制定和保护工作的实施过程中，让公众参与进来，发表意见。在这方面，国外做得较好，值得我们学习借鉴。同时，在保护工作的开展中，公众应享有知情权和监督权，公众应有渠道来了解古代水利工程保护的原则、目标、政策和具体措施，并能向有关部门提出建议。

（四）加强宣传教育工作

宣传教育是提高公众对古代水利工程价值认识和强化政府与公众保护

① 李云鹏，吕娟，万金红，等．中国大运河水利遗产现状调查及保护策略探讨［J］．水利学报，2016，47（9）：1177-1187.

古代水利工程意识的重要手段。宣传的主要内容可以包括在用古代水利工程功能与价值、相关规划保护政策法规与实施的措施、有关职责部门与监督方式等。现在宣传教育的手段非常多样化，如科普读物、宣传册、报纸、动漫、游戏、电视、广告、网络，等等，还可以通过组织开展一系列学习纪念活动，举办相关讲座、学术论坛，以及在“世界水日”“中国水周”和“全国城市节水宣传周”等特别时节举办的活动中开展保护在用古代水利工程的宣传，建立全社会共同保护、合理利用水利遗产的良好氛围①；鼓励中小学将在用古代水利工程保护教育作为一项教学重点，列入教学计划，开展在用古代水利工程的历史与相关知识的普及工作；配套修建一些展示馆、博物馆、纪念馆等设施，传承水利文化、弘扬水利精神，并开展相应的宣传、普及活动，让人们了解我省在用古代水利工程的文化内涵和地方特色。另外，在用古代水利工程的申遗，也是在全世界和国内的一种非常好的宣传教育方式，可以极大地加深公众对它们的了解，增强公众的保护意识。

二、完善法规、健全机制

（一）完善相关政策法规和标准体系

政策法规体系是在用古代水利工程保护工作中一切行为的基础依据和有力保障。目前国内关于在用古代水利工程保护相关的办法、条例、法规等大多是针对某一特定在用古代水利工程而制定的，如《大运河遗产保护管理办法》《杭州市大运河世界文化遗产保护条例》《四川省都江堰水利工

① 赵雪飞，戴昊，张建，等．水利工程遗产保护策略探讨［J］．东北水利水电，2017，12：67-70.

程管理条例》等，而江西省在在用古代水利工程保护方面的法规、办法等基本没有。因此，相关政府职能部门和水行政主管单位应加快推进江西省在用古代水利工程保护方面的立法工作，推动相关保护条例、管理规章制度的制定，逐步形成系统完备的法规体系，为江西省在用古代水利工程保护提供法律依据、制度保障，规范管理人员的管理行为，指导在用古代水利工程的保护管理工作，提高在用古代水利工程保护的管理质量水平。在制定在用水利工程的保护法规时，可以依据为某一类别的在用古代水利工程而制定的通用型保护条例，也可以针对某一具体工程（如槎滩陂水利工程）制定其专属的保护管理法规体系，具体应包括对遗产的构成、管理权属、保护重点、保护措施、划分区域、经费使用及相关奖惩制度等方面相应的规定。在相关的保护法规、条例及管理制度制定完成后，要及时加强保护法规的宣传力度，提高公众特别是在用古代水利工程所在地方领导和普通群众的法制观念。

相关技术标准是开展文物、遗产保护工作的重要技术依据，文物、遗产保护工作的质量也主要靠标准进行衡量①。在古建筑保护领域，已制定有较多的规程规范等标准体系，如《古建筑保养维护操作规程》《古建筑木结构维护与加固技术规范》《古建筑修建工程质量检验评定标准》等。在水利行业中，我国已制定了较为完备的技术标准，但主要服务于现代水利的规划、设计、施工及运行管理工作②。当前，对在用古代水利工程的保护缺乏可行、统一的技术标准，这无形之中阻碍了古代水利工程保护工作的推进，也让现有保护成果无法得到推广、应用。因此，为使在用古代水利工程保护工作规范化、标准化、科学化，有必要根据保护对象、适用

① 安静．浅谈如何打造文物保护标准体系［J］．才智，2015（3）：314.

② 史晓新，朱党生，张建永，等．我国水利工程生态保护技术标准体系构想［J］．人民黄河，2010，32（12）：26-28.

范围的不同，参照古建筑保护领域和现代水利技术标准体系，制定专用于在用古代水利工程保护工作的标准体系，具体可包括国家标准、行业标准和地方标准。同时，作为相关人员，必须不断提高标准意识，树立标准理念，加强对标准体系的执行能力，在保护工作中必须严格按照标准体系来贯彻执行。

（二）构建遗产价值评估体系

在用古代水利工程具有历史、科学、艺术、社会等领域的多重价值，当前研究工作对在用古代水利工程价值的认识大多停留在定性评价的层面，未对在用古代水利工程开展专门的价值评估指标体系和量化研究工作。因此，我们可以通过对在用古代水利工程进行评价指标的量化和分析计算，对其综合价值进行量化评估，从而对工程价值进行排序，可根据价值大小划分为重点保护对象和一般保护对象，作为对工程进行分级和分类保护的依据①。此外，要让政府职能部门和公众真正了解在用古代水利工程的重要性，开展在用古代水利工程综合价值的量化评估工作也是非常有必要的。因此，不断完善综合与分类相结合、整体与个体相结合、定性与定量相结合的在用古代水利工程价值评估体系，对其综合价值进行量化，分等级来确定不同工程的价值，可以为有序开展在用古代水利工程的保护与利用工作提供理论支撑。

（三）建立健全的多方协调机制

多部门交叉管理是文物、遗产保护管理工作的基本现状，江西省在用古代水利工程的保护管理机构主要涉及水利、文物、旅游、住建、航运等

---

① 张念强，谭徐明，王英华，等．京杭运河古代水利工程的综合价值评估研究［J］. 中国水利水电科学研究院学报，2012，10（2）：146-152.

几个部门，由于各部门自成体系，条块分割，权责不明，不利于江西省在用古代水利工程保护工作的落实。而在在用古代水利工程保护工作的实施过程中，不同部门的职责及依据法律法规是造成保护与利用之间矛盾的根本原因。在用古代水利工程不同于传统的文物工程，它一方面具有重要的水利功能和发展需求，另一方面又承载了厚重的历史文化和水利科技文明。文物部门强调对文物的修缮、保护必须遵守不改变文物原状的原则，这种强调“保护”而限制“利用”的理念，可能导致在用古代水利工程由“活”遗产变成“死”遗产①；水利、旅游、航运等部门不同程度地存在“重使用、轻管理与保护”的现象，相关法规、规范又相对落后，导致在用古代水利工程得不到科学有效的保护。因此，在用古代水利工程的保护工作需建立跨部门、跨地区间的协调机制，特别是在保护与利用工作实施过程中具体事务和实施层面的细节问题，需要构建方便有效的协调途径和常态化的合作机制，明确各部门的职责和分工。通过在水利、文物、航运等不同部门之间和不同地区之间逐步建立高效、便捷的协调机制并形成制度，加强不同行业间在行政审批、行业规范或标准等方面的协调和对接，加强不同地区之间的交流和借鉴，为在用古代水利工程的保护和发展在实施层面扫清障碍。

三、科学规划、逐步实施

（一）编制在用古代水利工程保护与利用规划

在用古代水利工程的保护对象除了河道、堤防、闸、坝、涵等各类工

① 王英华，谭徐明，李云鹏，等. 古代在用水利工程与水利遗产保护与利用调研分析［J］. 中国水利，2012（21）：5-7.

程或遗存，还包括相关的水利管理建筑、水神崇拜建筑或设施、相关水利碑刻、文献、管理制度等各类工程或非工程遗产，以及周边的人文环境和自然环境。因此，在用古代水利工程的保护工作是一项涉及多部门、多行业、多学科的复杂工程，必须做好统筹规划工作。只有以科学的保护规划为指导，才能使在用古代水利工程与区域历史文化的继承、文脉的延续、环境的整治以及保护与开发利用相统一，才能真正实现在用古代水利工程的价值。在工作规划编制初期，可由水利、规划和文物部门主导，其他各部门给予配合，通过查阅文献档案、走访调研等方式梳理水利遗产的数量、保存现状、水环境现状等，评估其价值，制定出相应的保护利用规划方案，包括区域在用古代水利工程的保护利用规划及具体某一项在用古代水利工程的保护利用规划，如《鄱阳湖流域在用古代水利工程保护规划（2020—2025）》《槎滩陂在用古代水利工程专项保护规划（2020—2025）》等。同时，在保护规划中应对在用古代水利工程保护范围进行划分，可分为一级保护区、二级保护区、核心保护区三个等级：一级保护区主要保护在用古代水利工程建筑物及其周边环境；二级保护区指在用古代水利工程本身的风貌和环境以及安全保护所需的控制范围，如设定工程边界外延50米范围内均属二级保护区；核心保护区即工程控制地带，主要包括水利工程建筑物主体及其附属建筑物。

（二）区分对待，突出重点，逐步推进

江西省在用古代水利工程分布范围广、数量多，且表现形式各不相同，保存现状也存在很大的差异。因此，在开展保护工作的时候应根据工程的价值、现状等方面的差异进行分类保护和利用。对于工程主体结构完好、功能作用和建筑材料基本未变但有过扩建的在用古代水利工程，应注意保护工程的现存格局特征，在不损坏其历史文化价值的前提下，可进行

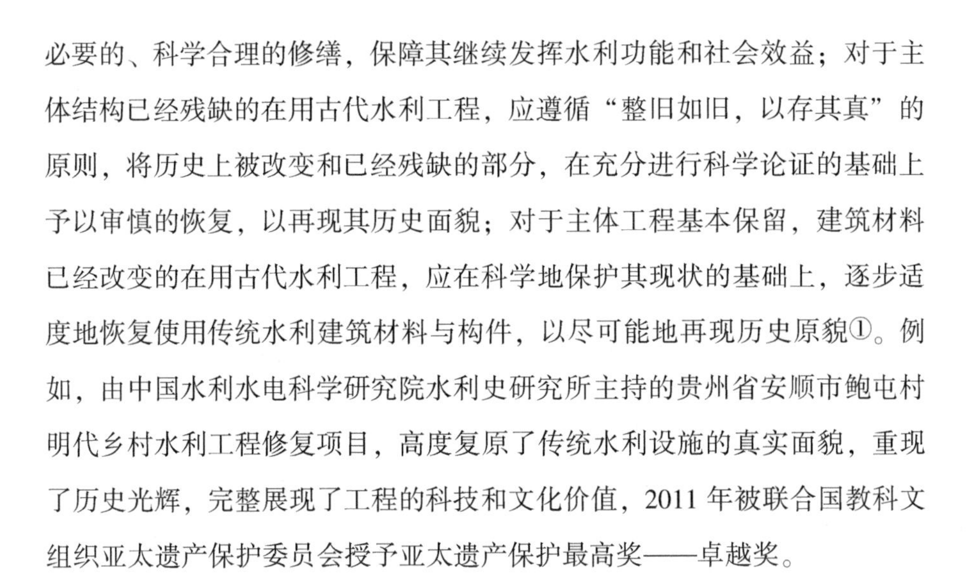

必要的、科学合理的修缮，保障其继续发挥水利功能和社会效益；对于主体结构已经残缺的在用古代水利工程，应遵循“整旧如旧，以存其真”的原则，将历史上被改变和已经残缺的部分，在充分进行科学论证的基础上予以审慎的恢复，以再现其历史面貌；对于主体工程基本保留，建筑材料已经改变的在用古代水利工程，应在科学地保护其现状的基础上，逐步适度地恢复使用传统水利建筑材料与构件，以尽可能地再现历史原貌①。例如，由中国水利水电科学研究院水利史研究所主持的贵州省安顺市鲍屯村明代乡村水利工程修复项目，高度复原了传统水利设施的真实面貌，重现了历史光辉，完整展现了工程的科技和文化价值，2011 年被联合国教科文组织亚太遗产保护委员会授予亚太遗产保护最高奖——卓越奖。

四、培养人才、保障经费

（一）培养专业保护人才

在用古代水利工程保护涉及文化遗产、水利工程、景观园林、城市规划、旅游管理、经济社会发展等诸多专业和领域，工作千头万绪、任务十分繁重，需要大批既精通水利工程专业，又懂文化遗产保护和管理的高素质复合型人才。因此，在用古代水利工程在保护工作过程中，要以培养高层次复合型人才为核心，充分发挥高等院校、科研院所、科研基地、培训基地等方面的师资力量优势，大力加强在用古代水利工程和水利遗产保护相关从业人员专业技术的培训教育，形成多层次、多渠道、广覆盖的人才培养工作新格局。鉴于我省在在用古代水利工程和水利遗产保护方面才刚

① 万金红．浙东古海塘的保护与管理策略［J］．中国水利，2017（6）：63-64.

起步，这方面的人才奇缺，而中国水利水电科学研究院水利史研究所拥有较多的与古代水利工程研究相关的高水平人才，且开展了国内多个知名在用水利工程和水利遗产的保护工作，双方可以签订人才培养合作协议，这样不仅能为江西省在用古代水利工程保护工作的相关人员提供理论知识和技术指导，还能为保护和传承提供新鲜血液。

（二）加强在用古代水利工程保护研究的支持力度

江西省在古代水利工程保护方面的研究才刚起步，研究基础几乎为零，但只有加强相关研究，才能为在用古代水利工程和水利遗产的保护提供更好的理论和技术支撑。具体可通过鼓励各领域专家在在用古代水利工程和水利遗产保护利用的基础理论、技术标准、政策措施等方面进行深入研究，在公益性水利科研项目立项上给予倾斜支持，设立相关科研专项，加大相关基础科研支持力度，设立开放基金等措施，充分调动各方科研力量，开展重点攻关；也可以结合水利风景区建设，选择一批水文化遗产作为保护实验区，全面提高水利遗产保护利用的技术理论水平。中国水利水电科学研究院水利史研究所近年来在在用古代水利工程和水利遗产保护方面积累了大量的研究成果，如“钱塘江开发和古海塘保护”“古海塘可持续利用研究”“鲍屯乡村水利修复”“大运河水利遗产保护与利用”，等等。江西省相关科研单位可与中国水利水电科学研究院签订古代水利工程相关研究战略合作协议，联合申报项目，开展江西省在用古代水利工程保护与利用的基础研究工作，推动多学科交叉研究，营造繁荣的学术氛围，定期研讨和总结研究成果，为水利遗产的保护和传承提供基础支撑。

（三）多渠道筹措在用古代水利工程的保护经费

鉴于在用古代水利工程保护和开发、利用工作的基础性、公益性、长

期性等特点，为保障保护工作的顺利开展和持续进行，在积极争取政府资金投入、扩大公共财政覆盖范围的同时，应积极创造条件来设立遗产保护专项和发展基金，多渠道、多层次地筹集社会资金用于江西省在用古代水利工程和水利遗产的有效保护与合理开发利用。政府职能部门作为在用古代水利工程保护工作的主导者，应加大资金投入力度，根据管理权属，分级别对当地的在用古代水利工程进行规划，制定相关工作任务，所需经费纳入国家及本级财政预算，保障列入规划的各项任务顺利完成，以及在用古代水利工程的管理有稳定的投入。同时，利用重点水利项目建设来吸引资金投入或引进外资，如城市防洪工程建设、河道整治和城镇化开发等，抓住有利时机，兼顾在用古代水利工程的保护和利用，统一规划，做到整体保护与适度开发相结合。建立多元化的投入机制，构建良好的投资环境以吸收、引进民间资本，推动在用古代水利工程和水利遗产保护事业的发展，即“以政府投入为主，以民间投入为辅”。“国为主，民为辅”这样的资金投入机制更有利于江西省在用古代水利工程保护事业的持续发展。政府要制定相应的政策鼓励和提倡个人及企业对在用古代水利工程进行专项资助，并在税收和政策上给予一定的优惠，开发、利用收益共享，激励社会各界参与在用古代水利工程的保护工作。

五、创新理念、多元保护

（一）建设水文化类博物馆

博物馆是保护和利用水文化遗产的一种最好形式。目前国内已经有许多成功案例，如都江堰博物馆、黄河博物馆、白鹤梁水下博物以及水利部直属的中国水利博物馆等。中国水利博物馆是利用杭州市实施钱塘江南岸的围垦治水工程项目的机会建成的，是我国第一座国家级的水利行业博物馆，使昔日一片荒芜的盐碱围垦地，变成了一处人水和谐的水博园旅游景区。江西省可以根据实际情况打造诸如“江西省水文化博物馆”“鄱阳湖流域水文化博物馆”等水文化类博物馆，也可以将独具特色的水利遗址规划建设为公园式水利遗址博物馆。日前，赣州市章贡区为保护好福寿沟这一宝贵的水利遗产，正筹备建设福寿沟博物馆，将福寿沟排水系统建设成一个集旅游观光、文化研究和城市记忆于一体的文化遗产体验综合体。水文化博物馆的建设，将为江西省提供一个集收藏、科研、展示、教育、旅游于一体的综合性、现代化、多功能的体验馆。

（二）设计具有地域传统特色的水文化体验活动

现代旅游方式正由“看客式”转向“游学式”，即在游玩体验中学习①。这就要求在水文化创意设计中，应考虑结合水文化人文景观，策划具有地域特色的水文化体验活动项目，既能达到传承传统水文化的目的，又可发展水文化产业，增加地方财政收入。具体的文化体验活动可设计为“筑坝引水”“水力机械操作”“地域风情苑区体验”“歌舞剧”等。例如，杭州宋城景区设计的大型歌舞《宋城千古情》中有一场《美丽的西子，美丽的传说》，将西湖水文化演绎得淋漓尽致，每年逾 300 万游客争相观看。

（三）水利遗产的数字化保护

数字化保护是通过对在用古代水利工程进行数据记录的方式，利用现

---

① 涂师平．新时期治水理念与浙江水文化遗产的保护利用［J］．华北水利水电学院学报：社会科学版，2014，30（4）：12-15.

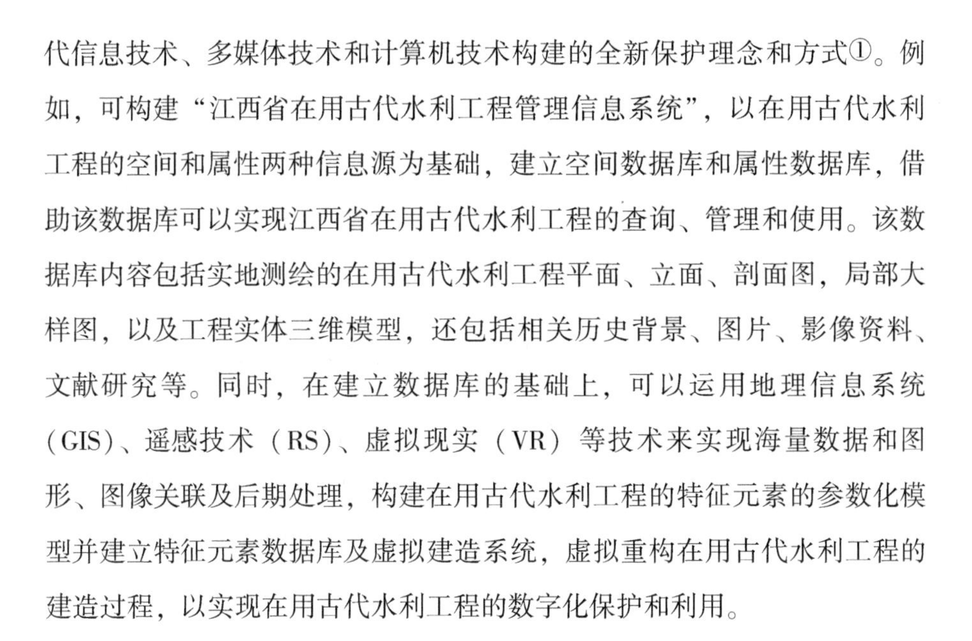

代信息技术、多媒体技术和计算机技术构建的全新保护理念和方式①。例如，可构建“江西省在用古代水利工程管理信息系统”，以在用古代水利工程的空间和属性两种信息源为基础，建立空间数据库和属性数据库，借助该数据库可以实现江西省在用古代水利工程的查询、管理和使用。该数据库内容包括实地测绘的在用古代水利工程平面、立面、剖面图，局部大样图，以及工程实体三维模型，还包括相关历史背景、图片、影像资料、文献研究等。同时，在建立数据库的基础上，可以运用地理信息系统（GIS）、遥感技术（RS）、虚拟现实（VR）等技术来实现海量数据和图形、图像关联及后期处理，构建在用古代水利工程的特征元素的参数化模型并建立特征元素数据库及虚拟建造系统，虚拟重构在用古代水利工程的建造过程，以实现在用古代水利工程的数字化保护和利用。

六、动态监管、长效保护

（一）抓好在用古代水利工程保护监测工作

对在用古代水利工程的保护是一项持续性工作，必须对日常的保护工作进行监测。可通过建立在用古代水利工程日常监测制度，明确监测对象、监测范围、监测人员，规范监测台账，做好管理流程档案记录，切实提高在用古代水利工程的日常监测水平，实现在用古代水利工程抢救性保护与预防性保护的有机结合。在用古代水利工程监测可以包括两方面②：

---

① 王建明，王树斌，陈仕品．基于数字技术的非物质文化遗产保护策略研究［J］．软件导刊，2011，10（8）：49-51.

② 林奕霖，黄本胜，陈亮雄，等．基于微信公众平台的水利工程监管技术研究［J］．人民长江，2018，49（1）：103-106.

一是对自然灾害以及人为因素形成的威胁或压力的监测，根据风险评估建立完整、系统的威胁和影响因素清单，同时需要引进周边的村落、社区组织协同监测；二是对保护干预效果的监测，在对遗产定期监测的过程中，需要对上期监测的保护与干预效果进行评价，对具体实施过程及实施后果进行对比分析，并对保护过程中的不当行动及时进行纠正。

（二）加大在用古代水利工程保护监管力度

要加大江西省在用古代水利工程的保护监管力度，需要制定奖惩并行的保护工作考核办法，对落实到位、效果良好的保护工作给予奖励，对执行不力、效果不理想的保护工作给予惩罚。如今，江西省各地都在积极申报水利风景区，可将在用水利工程的保护工作在水利风景区评审中的权重和赋分侧重考虑，对保护工作方面存在明显问题的申报景区，实行一票否决。同时，借助水利风景区管理部门修订完善的《水利风景区评价标准》，积极争取将在用古代水利工程和水利遗产的保护状况作为重要指标纳入其中，激励水利风景区自主提升在用古代水利工程和水利遗产的保护和开发利用水平。同时，构建规范有序的景区约束与退出机制，对保护落实不力的景区，根据情况分别给予通报批评、降低等级、取消命名等处理办法，以确保水利风景区的整体发展质量。

第七章

价值剖析及保护策略

——典型实例一

江西省水利历史悠久，历朝各代兴水利、除水害，留下了众多在用古代水利工程和水利遗产，种类繁多，有史志记载的江西修筑的万亩以上古代陂堰就有：晋 1 座，隋 2 座，唐 6 座，宋 12 座，清 15 座，民国 4 座，如袁州的李渠、抚州的千金陂和述陂、泰和县的槎滩陂、临川县的长沙陂、宜黄县的永丰陂等；有始建于元朝成形于清初的赣州上堡梯田群落，至今已达数万亩，与广西龙胜梯田、云南元阳梯田并列为中国三大梯田，被誉为中国三大梯田奇观之“秀丽天梯”，被上海大世界吉尼斯认证为“最大的客家梯田”；有修建于北宋时期的地下古代城市排水系统——赣州福寿沟，经历了 900 多年的风雨，至今仍完好畅通，并继续作为赣州居民日常排放污水的主要通道；有始建于唐代，至宋代臻于完备的南安东山古码头，是中国古代海上丝绸之路的陆路部分——中原至岭北段的水路终点；有始建于北宋元祐年间的星子县紫阳堤，坐落在县城以南鄱阳湖滨，自西向东，由紫阳堤、紫阳桥和田公堤连为一整体，形成了鄱阳湖沿岸独有的古代船坞堤坝公益建筑，等等。这些古代水利工程均是各历史时期人们对水的利用、认知所留下的文化遗存，也是我们了解水利与区域历史、文化、政治和经济之间关系及发展变化历程的重要载体。除工程实体本身之外，其具有的重要科学价值、历史价值、经济价值和社会价值也是不可估量的，更是不可代替、不可再生的。

本章选取了江西省槎滩陂在用古代水利工程作为典型实例，首先仔细地对工程的历史沿革进行了详细的梳理，厘清其不同时期的工程布置、工程结构及其运行机理等；再结合目前现状来阐述工程概况、地质地貌和水文水资源、保护现状等基本情况；接着从科学价值、工程价值、经济价值、历史文化价值四个方面挖掘其蕴涵的价值及对当今的启示；最后结合江西省的实际情况阐述江西省针对槎滩陂水利工程所开展的保护策略等。

第一节 历史沿革的梳理及历史演变的推演

槎滩陂水利工程——位于江西省泰和县禾市镇桥丰村委槎滩村畔，坐落于槎滩村旁的禾水支流牛吼江上，为南唐监察御史周矩所创建，拥有千余年历史，号称“江南都江堰”，是一座以灌溉功能为主的引水工程。

一、历史沿革的梳理①②③④

（一）创建期

槎滩陂水利工程始筑于南唐937—975年，至今已有1000年。始筑陂

① 《槎滩碉石二陂山田记》.

② 《泰和周氏爵誉族谱》.

③ 《泰和县槎滩陂志》.

④ 《重修槎滩、碉石二陂志》，民国27年.

者为南唐天成二年（公元 927 年）进士周矩，金陵人，于天成末年（公元 930 年）避乱迁居泰和万岁乡，因地处高燥无秋收，在 937 年经周密筹划后，选择溎水上游建造槎滩陂。据《槎滩碉石二陂山田记》所载，初建时以木桩、竹条压石为大陂，用以导引江水，开旁洪注，以防河道漫流改道，名叫槎滩。槎滩陂长百余丈，高二市尺。同时，又于滩下七里许筑条石滚水坝，以调蓄水量水位，名曰碉石，长 30 丈。槎滩陂建成后，周矩父子于旁凹岸深潭下开挖 36 支渠道，灌溉高行（今禾市镇）、信实（今螺溪镇）两乡的农田约 9000 亩，使经常受旱歉收的薄田变成了旱涝保收的良田。

（二）完善期

为不断完善槎滩陂水利工程，充分发挥其灌溉功能，历朝曾多次对其进行维修。北宋初，右仆射周羡（周矩子）买田、山、鱼塘，以其租金作修陂之费，并制定管理制度及用水公约，以息纷争；尚书郎周中和于皇祐四年（公元 1052 年）立《槎滩碉石二陂山田记》碑，并立有五彩之约，分仁、义、礼、智、信 5 号，由受益区内蒋、肖、周、李、康 5 姓村民轮流担任陂长，负责管理维修相关事宜；元代，山田鱼塘被人侵吞，致使修陂和管理费用需按田摊派和募捐；至正年间（公元 1341—1368 年），吉州同知李叔英以钱二万缗募千夫维修；明洪武后期因原筑坝材料易损毁，故在原址采用石头结构重修槎滩陂；宣德期间、嘉靖十三年（公元 1534 年）、万历二十二年（公元 1594 年）曾先后维修；清乾隆五十五年（公元 1790 年）“斗田派钱四十”重修一次，光绪二十四年（公元 1898 年）周敬五、胡西京曾先后捐资维修；民国四年（公元 1915 年）和民国二十七年（公元 1938 年），按田亩派款、群众自筹、政府补助等方式筹集资金来修复陂坝。

（三）发展期

中华人民共和国成立后，槎滩陂水利工程由泰和县水务局槎滩陂水管会负责保护、管理、维护。从 1952 年至 1983 年先后进行了 4 次维修和扩建。

第一次为 1952 年，新开南干渠，对滚水坝进行加高加固，并拓宽挖深原渠道。加固后，主坝长 105.00 米，最大坝高 4.70 米，并设 7.00 米宽的筏道，副坝长 177.00 米，高 4.10 米，设两孔排沙闸，引水流量增到 6 立方米每秒，此次加高加宽延伸渠道 31.00 千米，合计新增灌溉面积约 1.67 万亩。

第二次为 1965 年，在今螺溪镇秋岭村马观庙新建倒虹吸，长 130.00 米，内径 1.10 米，引水过牛吼江，灌溉江北和吉安县永阳镇农田 6000 亩。同时翻修加固陂坝、筏道，新建分水鱼嘴、进水闸等，新增灌溉面积 16300 亩，使灌溉面积达到 4.20 万亩。

第三次，将灌溉尾水渠延伸至石山乡，新建隧洞一座、渡槽一座，使石山乡旱田改水田 100 亩，一季稻改双季稻 8000 亩。

第四次为 1983 年冬，为防止水流对坝体长期冲刷造成毁坏，加固加高大坝，用钢筋混凝土加固包裹，筏道、排沙闸、干渠也都进行了维修。坝长 407.00 米，坝顶宽 7.00 米，坝脚宽 18.00 米，平均坝高 4.00 米。南北干渠和石山干渠总长 35.00 千米。

槎滩陂古代水利工程现今是当地长期发挥疏江、导流、灌溉功能的古代水利工程，2006 年被确定为江西省重点文物保护单位（含周矩墓）（见图 7-1），2013 年被确定为全国重点文物保护单位（见图 7-2），2016 年被评选为世界灌溉工程遗产。

（四）成熟期

经多次维修和完善，槎滩陂水利工程达到现有规模。现状槎滩陂坝总长 407.00 米（含沙洲），坝顶宽 7.00 米，坝脚宽 18.00 米，平均坝高 4.00 米，最大坝高 4.70 米。主坝坝长 105.00 米，筏道 7.00 米，副坝坝长 177.00 米，两孔排沙闸和溢洪堰，灌溉渠有南、北干渠和石山干渠，总长约 35 千米，有倒虹吸管 1 座，隧洞 1 座，大小渡槽 246 座，分水闸 17 座，铁水闸 3 座。现灌溉泰和、吉安两县的禾市、螺溪、石山、永阳 4 个乡镇的农田约 5 万亩。

图 7-1 江西省重点文物保护单位碑牌

图 7-2 全国重点文物保护单位

二、历史演变的推演

根据槎滩陂古代水利工程历史演变情况（见表 7-1），我们分别建立了槎滩陂古代水利工程不同时期对应的灌区平面全图（见图 7-3 至图 7-6）。

表 7-1 **槎滩陂渠系发展演变过程**

<table>
<tr><th>时间</th><th>主要建设项目</th><th>渠道长度</th><th>渠道数量</th><th>灌溉面积</th><th>备注</th></tr>
<tr><td>南唐时期</td><td rowspan="4">坝体</td><td rowspan="4">不详</td><td rowspan="4">36 条</td><td rowspan="2">0.90 万亩</td><td rowspan="2">高行和信实两乡（现今的禾市镇和螺溪镇）</td></tr>
<tr><td>宋朝、元朝</td></tr>
<tr><td>明朝、清朝</td><td rowspan="2">2.50 万亩</td><td rowspan="2">大约一半流灌，另一半须借水车提灌</td></tr>
<tr><td>解放时期</td></tr>
<tr><td>1952 年</td><td>新开南干渠</td><td>31.00 千米</td><td></td><td>2.57 万亩</td><td></td></tr>
<tr><td>1965 年</td><td>新建倒虹吸管、石山干渠</td><td>35.00 千米</td><td></td><td>5.00 万亩</td><td>泰和、吉安两县的禾市、螺溪、石山、永阳 4 个乡镇的农田</td></tr>
</table>

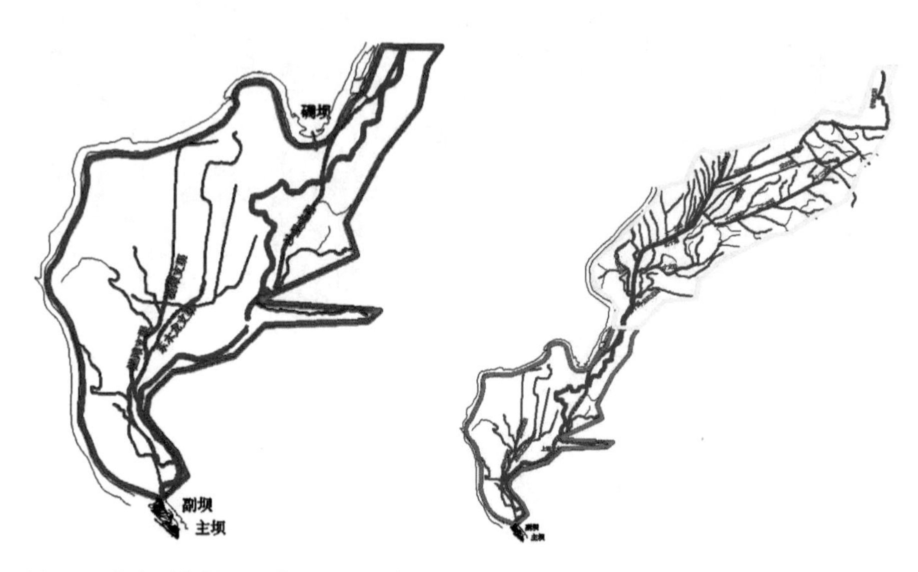

图 7-3　南唐时期槎工程灌区平面示意图　　图 7-4　解放时期工程灌区平面示意图

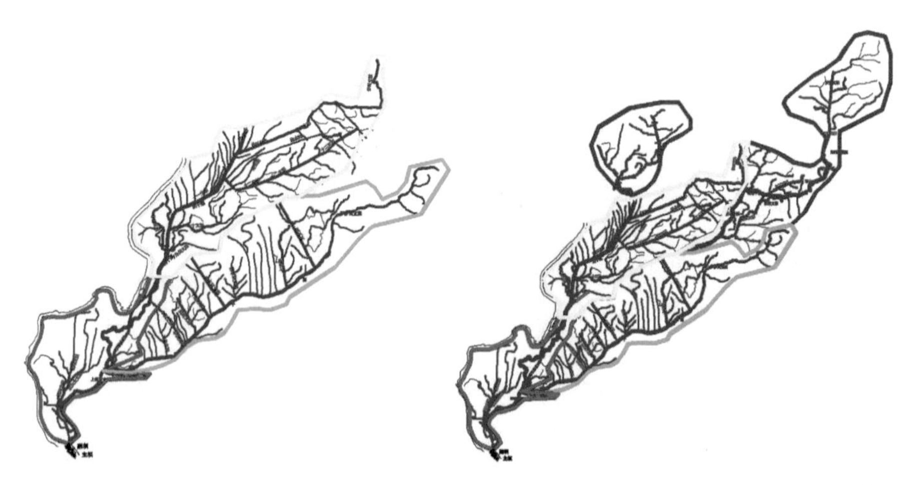

图 7-5　1952 年工程灌区平面示意图　　图 7-6　1965 年工程灌区平面示意图

第二节 工程概况

一、自然概况

（一）地理位置与地形地貌

槎滩陂古代水利工程位于江西省泰和县禾市镇桥丰村委槎滩村畔，坐落于槎滩村旁的禾水支流牛吼江上，为南唐监察御史周矩所建，是一座拥有千余年历史的水利工程，号称“江南都江堰”。

泰和县位于江西省中部偏南，吉安地区西南部，吉泰盆地南部，地处罗霄山和武夷山脉之间，地理坐标：北纬26°27′至26°59′，东经114°17′至115°20′。泰和县东西最长处105千米，南北最宽处57千米，面积为2665.41平方千米。境内地貌以山地、丘陵为主，面积达1877.50平方千米，占总面积的70.44%；河谷平原面积为735.90平方千米，占总面积的27.61%；水面面积为52.01平方千米，占总面积的1.95%。全县地势东西高、中间低，西部和东南部为山区，连接山区的是大片丘陵，中间为河谷平原，是吉泰盆地的腹部。东南山区属雩山山脉余脉，多呈西北走向，水槎乡的十八排山峰海拔1176米，为县内的最高点；西部山区属罗霄山脉余脉，多呈东北走向，山峰海拔均低于800米；中部地势低平，海拔70米左右。整个地势自东、西两侧向中部逐级层层下降，呈现一种不对称的盆地形势，成为吉泰盆地的主要组成部分。境内地貌类型丰富多样，且排列有序，从东、西两侧山地到赣江河床，地貌形势依次有中山、低山、高丘、中丘、低丘、浅丘、高阶地、低阶地、河漫滩、江心洲、边滩、心滩、谷地、盆地、古河道等地貌类型。

（二）流域概况与水文气象

1. 流域概况

泰和县境水系遍布，纵横交错，主要河流有赣江及汇注赣江的仙槎河、蜀水、禾水等支流。赣江自南向北纵贯县境中部，构成地势开阔的河谷平原，将全县划分为河东、河西两大块。两岸支流均由东、西部山地向赣江辐辏，形成反映总地势倾斜的羽状水系。赣江支流源于山地，流经丘陵，上游山高，坡陡、谷窄，下游则丘低，坡缓、谷宽，山坡上布满了流水侵蚀的沟谷，近代水流常具箱状谷地与“V”形狭谷相间的地形，谷底堆积有较厚的黏壤质土。河谷平原和冲积谷地地表平坦，水源丰富，土质肥沃，成为县内水稻和经济作物最重要而最集中的种植地区。

禾水发源于武功山南麓的莲花县高洲乡东北部的塘坳里，为赣江一级支流，是吉安市五大河流之一，俗称禾泸水。其上游河段由北向南，流经莲花县的高洲乡，至升坊乡的云陂州再折向东流，经永新县的沙市、禾川镇、吉安县的天河、上沙兰水文站，于吉州区的神岗山从左岸注入赣江。该流域水系发达，河网密布，河道蜿蜒曲折。流域面积为 9103 平方千米，主河道长 256. 00 千米，主河道坡降 0. 59‰，流域平均高程 269 米，流域平均坡度 0. 05 米每平方千米。河道上游河床多见漂砾石、岩石，河宽约 60 米；中游河床多为卵石、漂砾石，局部河段还有暗礁，河宽约 140 米；下游平原区植被较差，河床多为卵石、粗细砂，河床在 200 米左右。

牛吼江发源于井冈山上井，是赣江二级支流，禾水的一级支流，古称滃水，该河由西南向东北流，经井冈山市的罗浮、厦坪、拿山、泰和县的高市、湛口、禾市，于螺溪乡的王家坊从右岸注入禾水。流域地形属山

区，多灌木丛，水土保持良好。流域面积为 1062 平方千米，主河道长 118.00 千米，主河道坡降 2.74‰，流域平均高程 356 米，流域平均坡度 0.57 米每平方千米。河道上游河床多砾石、粗砂，河宽约 5~15 米；中游河床多为粗砂，河宽约 20~40 米；下游六八河和六七河在泰和湛口合流后河宽 60~80 米。

2. 水文气象

泰和县地处中亚热带季风气候，水热资源丰富，气候温暖滋润，雨量充沛，年平均气温 18.6℃，其中七月温度最高，月平均为 29.7℃；一月温度最低，月平均为 6.5℃，年平均无霜期为 280 天。年平均降雨量达到 1370.50 毫米，从绝对数量上说能很好地满足当地农作物的需求，但由于时空分布不均匀，就一年的降水来说，主要集中在 3~6 月，其降水量约占全年的 60%，常出现洪情；而到了农田大量需水的 7~9 月，降雨量却不多，且由于此期间温度较高，水量蒸发大，因而易出现旱情。故夏季多洪涝，秋冬多干旱。

二、工程概况及历史文物遗存

（一）工程概况

槎滩陂古代水利工程历经千年，不断拓展和完善，达到现有规模。现状工程集雨面积 1070 平方千米，以拦河坝（包括主、副坝）为中心，由筏道、排砂闸、引水渠、防洪堤、总进水闸及灌溉渠构成。坝总长 407.00 米（含沙洲），坝顶宽 7.00 米，坝脚宽 18.00 米，平均坝高 4.00 米，最大坝高 4.70 米。主坝（见图 7-7）坝长 105.00 米，筏道宽 7.00 米，副坝（见图 7-8）坝长 177.00 米，设两孔排沙闸和溢流堰，灌溉渠有南干渠

（见图 7-9）、北干渠（见图 7-10）和石山干渠，总长约 35.00 千米，有倒虹吸管（见图 7-11）1 座，隧洞 1 座，大小渡槽 246 座，分水闸（见图 7-12）17 座，跌水闸 3 座。现灌溉泰和、吉安两县的禾市、螺溪、石山、永阳 4 个乡镇的农田约 5 万亩。

图 7-7　主坝

图 7-8　副坝

图 7-9　南干渠

图 7-10　北干渠

图 7-11　倒虹吸管

图 7-12　分水闸

（二）历史文物遗存概况

1. 周矩墓

周矩墓（见图 7-13）为合葬墓，坐落在泰和县螺溪乡爵誉村委周家村

图 7-13　周矩墓

东约 500 米的坡地上，坐南朝北，占地约 400 平方米，墓高 2.00 米，墓面宽 8.70 米，墓的左、右长约 37 米，后宽约 11.00 米，上端呈三连弧形，有三合土夯筑围墙。墓前约 100 平方米的空地，呈三级拜台，前方有水塘、农田，周围青山绿水玉带式环绕。周矩墓是一座历史名人古墓，因原墓碑已失，1966 年泰和县水利局捐资新立了一块墓碑并特别将墓面粉刷一新，以纪念周矩的丰功伟绩。墓面两边新立对联一副，上联为：创槎滩碉石二陂千秋歌颂大德；下联为：衍学士仆射两派万代仰承高风，以表崇敬之情。周矩墓的存在，对研究古代水利建设的建筑工艺技术提供了珍贵的实物资料，具有重要的历史文化价值。

2. 古祠堂

周氏宗祠（见图 7-14），祠堂正面设有三道大门，顶为连弧成波浪形，

图 7-14　周氏宗祠

门面墙上立有对联和黄庭坚手书“儒学坊”，门前一大块空地，前有水塘，十分壮观，它是距今为止保护较完整的一座古建筑。“久大堂”（见图7-15）为明崇祯年间始建，砖木结构，长41.00米，前宽27.70米，后宽11.30米，栋高11.50米，分前、中、后三进，中有两口天井，为纪念周矩公而建，内有以周矩为一世的列祖列宗神主牌，祠堂内前厅悬挂有8块历代官宦赐封的牌匾和木刻对联两副，具有丰富的历史文化内涵。

图7-15　久大堂

3. 古碑刻

历朝历代的人们都善用碑刻作为一种原始记录，古碑刻可谓是一种别具有独特性的文化载体。槎滩陂古代水利工程附属的古碑刻包括“嘉靖十三年蒋氏重修”条石、“甲午严莊蒋重修”条石、“乾隆庚戌重修”（公元

1790年）条石和《槎滩碉石二陂山田记》旧碑（见图7-16），现均保存良好。《槎滩碉石二陂山田记》现保存于爵誉村周家祠堂，此碑刻为北宋皇佑四年（公元1052年）为槎滩陂添买山田、土地的石碑刻，岩石质，宽0.57米，高2.00米，厚0.09米，碑上端刻有太阳和太阳光芒的图案，中部刻有碑文，下端刻有水利设施平面图，大部分字迹都较为清晰。此碑文记载介绍了槎滩陂水利工程的始筑者周矩兴修水利造福乡民的事迹，以及当时槎滩陂水利工程的维修情况及灌区管理措施，是一块十分珍贵的古碑刻。这些具有历史沧桑感的古碑刻，间接又生动地向后人陈述了当时槎滩陂古代水利工程的发展概况，见证了槎滩陂从始建到一步步完善的历史过程，反映着历史，折射出文化。

图7-16　“槎滩碉石二陂山田记”碑刻

4. 古牌匾

在爵誉村周家祠堂“久大堂”中厅悬挂有上书：“久大堂”“名宦乡贤”“两省文宗”“达孝名贤”“精忠大节”等古牌匾；后厅两边板壁上有红底、黑字、刻边，高 2.40 米，宽 1.70 米，楷书“忠孝节义”四个大字等；“久大堂”内还存有神主牌 20 多块，其中有文为“一世祖南唐西台监察御史周公讳矩，号“云峰老大人妣朱氏老夫人”之神位一座，长 0.13 米，厚 0.15 米，高 0.55 米，红漆木质，下有木质底座，此牌已有一千余年的历史。

第三节　存在的主要问题

进入 21 世纪以来，随着城镇化建设不断发展，众多古代水利工程遭到了不同程度的破坏，槎滩陂水利工程在申遗之前也曾存在许多问题，但自 2016 年入选世界灌溉遗产名录之后，其状况已经有了较大的改观。

一、文物保护问题

历朝历代不断维修加固，使槎滩陂水利工程达到现在的规模并且能持续发挥较好的灌溉功能。槎滩陂水利工程总体保存完整，最近一次维修是 1983 年，坝长 407.00 米，坝顶宽 7.00 米，坝脚宽 18.00 米，平均坝高 4.00 米，南北干渠和石山干渠总长 35.00 千米，有倒虹吸管 1 座，隧洞 1 座，大小渡槽 246 座，分水闸 17 座，铁水闸 3 座。槎滩陂水利遗产坝址及其附属文物包括周矩墓、古祠堂、古碑刻、古牌匾，目前因被列为第七批全国重点文物保护单位，相关文物已得到适当保护，但雨季洪水对坝址的冲刷、枯水期当地居民在坝址上行走，这些仍然会对槎滩陂的文物保护工作带来一定程度的影响。

二、环境保护问题

槎滩陂水利工程有着优越的地理自然环境，其所在的螺溪镇爵誉村人文历史源远流长，是著名的千年古村，有山、有水、有林、有田，林木葱郁，水绿相映，山水相融，爵誉村村前武山巍峨，地势开阔平坦，阡陌纵横交错，沃野千顷，槎滩陂水由南而北缓缓流去；槎滩、碉石二陂坐落于滗水支流牛吼江上，牛吼江流经山脉，蜿蜒曲折，江水清澈，四季长流，为槎滩陂的发展与传承提供了良好的自然禀赋。但在槎滩陂周边也存在不协调的环境风貌，如现代建筑和广告牌，新农村建设的水泥硬化地面，尤其是随意堆放的生活垃圾等，给维护槎滩陂整体历史格局和风貌的工作带来了严重的影响。

三、管理问题

申遗之前，槎滩陂水利工程隶管理机构为泰和县槎滩陂管委会。在管理方面，管理队伍比较薄弱，专业技术人员欠缺，只是委托当地水利部门管理，难以对文物进行有效保护；在科技材料保存方面，虽有档案资料，但档案信息量和质量有待完善，未做数字信息化建设，在历史文献的收集和整理方面有不足，研究和宣传槎滩陂的力度不够；在管理经费方面，原先保护经费不足，经费来源较单一，保护经费难以满足槎滩陂保护的需求，存在较大的资金缺口。

第四节　价值剖析及其对当代水利工程的启示

水利建设拥有着悠久的历史，历朝历代的水利工程给子孙后代留下了丰富的水利遗产，过去的几十年，我们以牺牲生态环境为代价去追求现代水利工程技术的应用，然而一次次自然灾害告诫我们，以牺牲自然环境为代价的短期效益工程不可取。为追求现代水利工程的可持续发展，现代水利科学有必要从古代水利中汲取精华，走出一条适宜现代水利工程建设的特色道路。因此，本节从科学价值、工程价值、经济价值、历史文化价值四个方面对槎滩陂古代水利工程的价值进行了深入挖掘，结合槎滩陂古代水利工程现状保护、管理 、环境等情况，总结了槎滩陂古代水利工程对当今现代生态水利建设、管理的启示。希望能通过研究槎滩陂古代水利工程使我们重新认识和顺应自然水文之“理”，从古人几千年的治水经验中，探索恰当的水利方略和工程方法。

一、价值剖析

在历史发展的长河中，槎滩陂古代水利工程超越时间和空间的限制，经历了多个朝代的开凿、维护和使用，形成了众多文化遗产，这些文化遗产蕴含着丰富的科学价值、工程价值、经济价值、历史文化价值等。

（一）科学价值

1. 独特性

槎滩陂古代水利工程在建筑材料、施工工艺和技术方面都展现了其独特性。工程建造所用建筑材料均为就地取材，早期采用木桩、竹条和土石修筑，明洪武年间到民国时期采用石头结构，1949年后尤其是在20世纪五六十年代重修中筑成一座外包混凝土的陂坝。在施工工艺和技术上，槎滩陂古代水利工程始建能找到早期竹笼装卵石截流施工工艺的影子，即在修筑过程中先将木桩击入河床后，以长竹条为骨架，再填充石块、黏土等材料形成陂坝。明洪武年间，坝身整体结构全部采用条石堆砌，在充分考虑受力情况下，将条石丁顺砌筑以使之错缝有序，并通过条石上刻痕的方式来防滑，通过原始的建筑材料、行之有效的施工工艺，使古代水利工程达到安全、环保、生态。

2. 适应性

水利工程建设在社会发展中起着重要的作用，但水资源的限制也同样制约着水利工程的发展。由于水资源条件的变迁，不同历史时期也相继出现了丰水期和枯水期，为适应水资源的变化，槎滩陂古代水利工程也根据历史发展规律及时作出了相应的调整，先后多次进行了修缮。1952年，新开南干渠，又拓宽原有渠道，并对坝体进行加高加固；1965年，增设倒虹吸管、隧洞、渡槽、分水闸、铁水闸等，现在枢纽工程由拦河坝主坝、副坝、筏道、排砂闸、引水渠、防洪堤、总进水闸组成。

3. 先进性

槎滩陂古代水利工程位于典型的河谷平原地区，而牛吼江水流湍急，因此在筑坝选址和设计上要充分考虑到地形条件。为确保所选地质具有足够的地基承载力，在早期尚未掌握地基处理技术时，古人在槎滩陂古代水利工程的建设中巧妙地利用了当地地形地貌：一是为避免陂坝遭到冲毁，陂址所在地河流宽阔，水流流速缓慢，水流的河床基岩质地坚硬，抗冲性能好；二是上游山区森林茂密，植被完好，堰坝泥沙淤积少，所以河渠疏浚，无须“深淘滩”。

为保持充足的水源，保证自流引水和排水流，周矩在千年以前的治水过程中已经开始采用了测量技术，经过多年的谋划和实地考察、丈量后的科学选址，将陂筑于属赣江水系禾水支流的牛吼江上游的槎滩村畔，众多河流交汇处，通过筑陂引水的方式，将水引来灌溉；同时，为使主河道水资源得以充分利用，且防止洪水暴发时淹没农田，还在陂下游约 3.50 千米处伐石以筑成减水小陂——碉石陂，在约 30 丈又于近地处凿渠 36 支，实行分支灌溉，两陂一个主蓄、一个主疏，上下呼应，功能互补，极有利于农业生产。

（二）工程价值

1. 真实性

槎滩陂古代水利工程在修筑过程中，有效地保存了河流本身和流域的原始生态。在修建时通过对个别河段实施拓展甚至裁弯取直，巧妙地顺应自然地势和水流规律，实现引流灌溉。在此后的多次修缮中，为满足引水、防洪和通航的需求，充分利用河流水文以及地形特点布置工程设施，在没有改变河流特征的条件下，通过一些工程设施将灌溉水合理分配到田间，满足居民生活用水需求。此外，槎滩陂修筑时所使用的材料均是就地取材，充分利用槎滩陂两岸的木山和石山作为工程的主要材料，不仅节省了人力和物力，而且天然的工程材料以另一种方式与自然保持着和谐统一，使得槎滩陂水利工程成为名副其实的“亲自然工程”。这些智慧的创造，都源自对人与自然关系的深刻认识，不管是工程形式，还是建造材料，都反映出槎滩陂水利工程追求人与自然和谐统一的水利理念。

2. 完整性和延续性

槎滩陂古代水利工程至今运行已千余年，历朝历代为不断完善槎滩陂水利工程而对其进行了大大小小的维修和加固。尤其是在中华人民共和国成立后，为进一步完善槎滩陂水利工程，更加充分、积极地发挥其灌溉功能，江西省人民政府大量投入人力、物力对槎滩陂进行了多次的维修加固，并明确规定由槎滩陂水利工程由泰和县水务局槎滩陂水管会负责保护、管理、维护。然而经历了数次维修，槎滩陂仍在原有的位置上保持着最初的工程形式和布局，且保存完整，整个工程除在陂坝表层和渠道底面增设混凝土保护层，并对高陂坝进行加固加高，对筏道、排沙闸、干渠进行了维修，其他工程设施、布局和功能等均保存较好，至今仍持续发挥着引水、灌溉、通航、发电等综合功能。

（三）经济价值

槎滩陂古代水利工程千余年来一直发挥着灌溉作用，经过不断拓展和完善，原本旱灾频发的高行、信实等乡的情况有了极大改善，槎滩陂不仅实现了“除水害”，还在“兴水利”方面做出了巨大贡献。进入现代，槎滩陂水利工程的灌溉和供水作用日益凸显，农田灌溉面积由最初的 0.9 万亩到现在的近 5 万亩，灌溉惠及泰和与吉安两县的禾市、螺溪、石山、永阳 4 个乡镇的农田，进一步提高了地区的农作物的产量和人民的生活水平，促进了区域社会的经济发展。

2016 年 11 月 8 日，槎滩陂在第二届世界灌溉论坛暨国际灌溉排水委员会 67 届国际执行理事会上被授牌列入世界灌溉工程遗产名录，这也是江西省唯一的世界灌溉工程遗产。其因地制宜的工程规划、系统完善的工程体系、科学有效的管理制度，保证了农业灌溉等综合效益的持续发挥，保障了区域经济、政治、社会、文化的发展，见证了该区域自然、社会的变迁，具有突出的历史、科学、艺术价值。在槎滩陂水利工程成为世界灌溉工程遗产之后，该地区的旅游价值得到了进一步提升。由此可见，成为水利遗产之后的槎滩陂，以其独特的水利文化内涵展现出多方面的遗产价

值，尤其是日益凸显的经济价值，对当地经济和社会各方面的发展都将产生持久的带动作用。

（四）历史文化价值

1. 历史悠久度

槎滩陂水利工程作为一种“民办”工程，在上千年的发展历程中，其组织与管理发生了一系列的变化，这种演变体现了流域区地方社会开发和发展过程中的内部规律，反映了地方社会的历史变迁过程。自南唐以来，槎滩陂水利工程先后经历了家族管理、乡族组织、官督民办、官民合办等一系列形式，不仅反映了地方社会的运行模式，而且也折射出整个地方社会的变化历程。唐末五代，大量外来移民进入江西，促进了各地区的开发进程。唐宋以后，江西经济得到了较快的发展，农业生产开始跃居全国的领先地位，成为全国重要的粮食生产和输出基地，并且随着时间的推移，其地位愈见重要。现今保存下来的文物等，类型丰富，见证了该流域地区的历史变迁，记载了其在政治、经济、文化等方面的变化。

2. 人物与事件

槎滩陂水利工程还享有另一个宝贵的人文资源——创始人周矩。据史料所载，周矩一生有两大突出贡献：一是兴学堂，培养人才；二是创建槎滩陂古代水利工程，造福百姓。大成末年（公元930年）时任金陵监察御史的周矩为避唐末之乱，携家眷随时任吉州刺史的女婿杨大中从南京迁至泰和县万岁乡，他体察民情、忧国爱民，了解到当地百姓因水利条件差，农田灌溉水源供给不足，虽然土地肥沃也只能靠天吃饭，遇到旱年颗粒无收，丰年也只能种一季，且旱年多于丰年，虽沃野千亩也无用。这让周矩忧心忡忡，茶饭不思，他决心改变这个现状。周矩亲自下乡深入到田间地头认真地调查研究，盘算着通过兴修水利来造福乡民，带领大家走出困境，虽然兴修水利需要大量经费，且费时费事，但思量再三后，他毅然决定承担这一造福民众之事，开始了兴修水利这一义举。

此后，周矩不顾风吹日晒雨淋，考察水源和地理环境，足迹踏遍了螺溪、禾市、桥头等乡镇的山山水水。经过考证，他决定采取筑陂引水的方式，将滃水引来灌溉。公元937年冬，经缜密选址，精心筹措，周矩独家出资，在滃水上游的槎滩村畔创筑了槎滩、碉石二陂。当清澈的河水顺着沟渠流入干旱的稻田时，乡民们高兴得敲锣打鼓，载歌载舞。槎滩陂的建立使易旱之地变得旱涝保收，皆成丰收良田。他这一创举，惠及千万农民，使他们解决了温饱，摆脱了贫困。

3. 独特的文化活动

槎滩陂的历史文化价值还体现在槎滩陂的管理制度和与之相关的其他水利活动。槎滩陂水利工程自修缮以来，其管理一直依赖于各宗族的合作来使用与维护，由此它也逐渐发展成联系地方社会的纽带，其与时俱进的管理体制先进性主要体现在以下两个方面：一是隶属关系明确。规定槎滩碉石二陂为两乡九都之公陂，不得专利于周氏。槎滩陂从两宋时期由周姓家族单独“家族式”负责组织维修与管理，发展至元朝的由周、蒋、胡、李、萧五姓“乡族式”轮流管理，到明演变为“官督民办”和“民办官助”形式，至民国时期，为“官民合办”的形式负责组织维修与管理。二是管理制度科学。成立了由陂长负责、各有业大户轮流执政的管理机构。周矩及其后裔对槎滩陂的以人为本的管理体制无疑具有先进性和前瞻性，他们的成功经验是宝贵的财富，其与时俱进的先进管理体制是槎滩陂水利工程使用千年且至今还灌溉农田近5万亩的重要保证。

槎滩陂水利工程建成后，历朝历代官民对水利工程都进行过整修，并留下了大量记载整修的石碑和传记，讲述着槎滩陂水利工程的历史故事，如周矩墓、古祠堂、古碑刻、古牌匾等，这些不同种类的文化现象融合在

一起并广泛传播和传承，逐渐成为该地区的普遍性文化特色。为此，槎滩陂及周矩墓的存在对于研究中国水利史和古代水利建筑工艺、弘扬历史文化，具有重要意义。它充分展示了先人的伟大智慧，印证了当地的社会经济发展，极大地促进了人与社会的协调发展，为当地的农业生产活动提供了良好的支撑。

二、对当今的启示

槎滩陂水利工程作为一项使民众长期受益的水利灌溉工程，其历史之久远，功能之稳定，为水利工程历史所罕见，以此为鉴，现代水利工程建设有必要在合理保护和利用工程的同时，坚持走可持续发展道路，以期充分发挥工程的综合效益。

（一）重视古代水利工程的保护和价值挖掘

槎滩陂古代水利工程历经千年不衰，不仅具有重要的工程价值，其建筑工艺、治水理念、管理制度以及与历史有关的文化沉淀都蕴含着丰富的文化价值。自1980年以来，由于现代化建设的开发，大量古代水利工程遭到比自然冲击更严重的破坏，有些甚至逐渐消失。而与很多古代工程不同的是，保存下来的古代水利工程仍或多或少地发挥着效益，造福一方，相比新建一座未必长久且耗资巨大的水利工程来说，保护和利用好现有古代水利工程具有重要的意义——一方面可以有效学习古代水利工程因地制宜的设计、建造的工程技术经验，学习其实现“人水和谐”的大智慧；另一方面维护费用少，还能从其蕴含的科学价值和文化价值中获取更大的经济效益。

（二）水利工程建设应注重可持续发展

槎滩陂古代水利工程向世人演绎了科学的工程运用与生态保护的完美

融合，主坝、附坝、附属建筑和灌溉渠系工程构成了一个完整、科学、充满美感的水利工程体系，通过合理布局、巧妙构思，将这个水利工程体系置于美丽的大自然中，渠系顺着河水蜿蜒曲折，主体工程与附属工程相互配合、相互依托。在现代水利工程规划设计中，我们应充分考虑其地形、地貌和周围的自然环境，基于科学设计的前提下，同时兼顾生态保护和经济发展两方面，遵循生态平衡原理，让水利工程在充分发挥灌溉、蓄水、防洪、排涝等作用的同时，以经济发展促进水利工程的保护，再以水利工程的保护带动经济发展，形成一个良性的循环过程。

（三）重建更重管，充分发挥工程综合效益

槎滩陂水利工程能延续至今，不仅仅因为其本身完善的工程体系，更有赖于科学的管理。现代水利工程建设要走持续健康的发展道路，不应只顾及工程的短期效益，更要考虑到工程是否具有长期效益、是否能够惠及子孙后代；不但要重视规划、设计、工程建设质量，更要重视项目的建后管理工作，发挥其应有的综合效益；同时，鼓励和调动民众参与工程维护的积极性，尤其是灌溉工程，要在工程管理中实现权责利的高度契合。

第五节　开展的保护工作

一、政府主导开展各项申报工作

为科学、完整地保存水利遗产，提高知名度和关注度，泰和县政府在采取了多元化的保护措施的同时，大力推动槎滩陂的世界遗产、文物保护

单位和水利风景区等项目的申报工作。2006年，槎滩陂被确定为江西省重点文物保护单位，2013年被确定为全国重点文物保护单位；2016年，槎滩陂被国际灌溉排水委员会评为世界灌溉工程遗产；2017年，槎滩陂水利风景区获批为江西省省级水利风景区。

二、制定科学的保护与利用规划

在注重申报世界遗产工作的同时，泰和县着手开展了一系列保护与利用规划的编制工作。2015年2月，泰和县启动《泰和槎滩陂古建水利工程再利用综合发展规划设计》编制工作。2015年10月，按照“面上保护、线上连接、点上开发”的规划思路，《中国·泰和槎滩陂保护利用规划》通过审查，为阻止对槎滩陂的破坏，改善和恢复其历史环境风貌，建成重要的集人文、水利于一体的旅游景区提供了科学的路线。2016年7月，泰和县启动“槎滩陂枢纽工程规划”编制和申报“省级水利风景区”工作。2017年2月，槎滩陂水利风景区获批为省级水利风景区，以“保护山水生态格局，发掘文化历史内涵”的理念，泰和县拟进一步将槎滩陂打造成国家级水利风景名胜区。

三、注重水文化的挖掘研究和宣传展示

2014年，“泰和县古代水利工程槎滩陂对现代生态水利建设和启示”课题获水利部鄱阳湖水资源水生态环境研究中心开放基金立项。该项目通过现场走访及查阅收集整理资料等方式，对槎滩陂古代水利工程的历史沿革进行了详细的梳理，并对工程的灌渠演变过程进行了考证和推演工作，这些基础性的资料为槎滩陂水利工程申报世界灌溉遗产提供了良好的支

撑；该项目还对槎滩陂工程进行了深入的价值剖析，并借助信息化手段对工程的演变进行了三维建模，为槎滩陂水利文化的展示、宣传提供了很好的资料。

第八章

价值剖析及保护策略

——典型实例二

江西崇义的上堡梯田作为江西省的农业文化遗产，养育了一代代客家人，延续了独具地方特色的生活方式、宗教信仰和民情风俗。它既是一幅纯净而自然的壮美画卷，吸引了远道而来的游览者、采风者和写意者，也是大自然馈赠的天然水利灌溉系统。它无塘无库无闸，却可旱涝保收，且历经800多年而不衰。上堡梯田素有“最大客家梯田”“中国最美田园”之称，并于2014年被农业农村部评为“中国重要农业文化遗产”。当地政府也高度重视，围绕梯田开展了一系列保护、传承、发展工作。在对客家梯田文化、传统农耕文化及红色教育文化的保护和传承过程中，依托独特的资源，大力发展梯田观光游、民俗体验游、红色教育游等旅游产业，努力将上堡打造成“旅游、休闲、观光、养老”四位一体的“上堡客家梯田特色小镇”。通过多方努力，上堡梯田于2018年在第五次全球重要农业文化遗产国际论坛上，被认定为“全球重要农业文化遗产”。

本章选取了江西省上堡梯田这一天然在用古代水利工程作为典型实

例，系统地梳理了上堡梯田的分布情况、形成的起源及演变过程，并在此基础上，进一步总结了在演变过程中形成的客家梯田文化、传统农耕体系和自流灌溉系统。同时，从地形地貌、土壤地质、气象水文和人类活动等方面，对实现梯田自流灌溉的影响因素进行分析，以揭示上堡梯田原生态自流灌溉的形成机理，深度挖掘其蕴涵的价值，阐述其现状情况及存在的主要问题，总结江西省对其采用的保护策略等，以期为上堡梯田的规划及旅游开发提供科学依据，同时也为类似地质地貌条件下的坡耕地水土资源开发与保护提供借鉴。

第一节　历史沿革的梳理及历史演变的推演

一、历史沿革的梳理

崇义县建于明正德十二年（公元 1517 年）冬。春秋战国时期崇义属楚国。秦始皇二十六年（公元前 221 年）创郡县制，崇义属九江郡南壄地。东汉建武元年（公元 25 年）改九江郡为豫章郡，南壁县改为南野县，崇义为其所属地域。三国吴嘉禾五年（公元 236 年）崇义属南野县和南安（亦作安南）县地，隶南部都尉。晋武帝太康元年（公元 280 年），改南安县为南康县，崇义属南野县和南康县地。隋文帝开皇九年（公元 589 年），改南康郡为虔州，崇义隶虔州。隋炀帝大业元年（公元 605 年）改虔州复为南康郡，赣县复称南康县，崇义属南康县地。唐朝时崇义隶属南康郡。五代末期崇义属南康县、大庾县、上犹县地，隶昭信军。宋朝淳化元年（公元 990 年）建南安军，崇义隶南安军。元朝至元十四年（公元 1277

年)，改南安军为南安路总管府，隶江西行省，元朝至正二十五年（公元1365年)，改南安路为南安府，崇义隶南安府。明朝正德十二年（公元1517年)，都御史王守仁率兵镇压横水、桶冈的谢志山、蓝天凤农民起义后，奏呈皇上批复，析上犹县的崇义、上堡、雁湖三里，南康县的隆平、尚德二里，大庾县的义安里建县，择定在崇义里的横水设立县治，并以崇义里之名，名县为崇义县，隶南安府。清朝沿用明制，崇义隶南安府。

民国元年（公元1912年)，废府。民国三年（公元1914年)，划江西为豫章、浔阳、庐陵、赣南四道，分领81县，崇义属赣南道。民国十五年(公元1926年)，废道，县直隶于省。民国二十一年（公元1932年)，全省分为13个行政区，崇义属第11行政区。民国二十四年（公元1935年)，全省缩改为8个行政区，崇义属第4行政区。

第二次国内革命战争时期，崇义是湘赣革命根据地的一部分。1931年3月，成立崇义县革命委员会。1931年5月，建立苏维埃政府，先后隶于江西省和湘赣省苏维埃政府。

1949年8月20日，崇义解放，同时成立崇义县人民政府，隶赣州分区。1949年9月，成立赣西南行政公署。次年7月，改为赣西南人民行政公署，崇义隶赣西南行政区。1951年6月，撤销赣西南行政公署，成立赣州区专员公署，崇义隶赣州专区。1954年6月，撤销赣州区专员公署，成立赣南行政公署，崇义隶赣南行政区。1964年，改赣南行政公署为赣州地区专员公署。1968年，改赣州地区专员公署为赣州专区革命委员会。1971年1月，改名为赣州地区革命委员会。1978年，赣州地区革命委员会改为赣州地区行政公署，崇义隶属赣州地区。1999年7月1日赣州撤地设市，崇义隶属赣州市。

二、历史演变的推演

上堡梯田始建于南宋，盛建于明末，完工于清初，距今已有800多年的历史（见图8-1）①②。

南宋时期为上堡梯田的雏形阶段。此时的崇义原著居民为维持生计，对山麓及沟谷中较低缓的坡地进行拓荒开垦，而对地势较高的坡地未进行开垦，因此形成的只是一些零星分布的局部小块梯田。这一时期的主要特点为修建山坡池塘、拦截雨水，将终年不断的山泉溪涧通过竹笕、沟渠引入梯田。

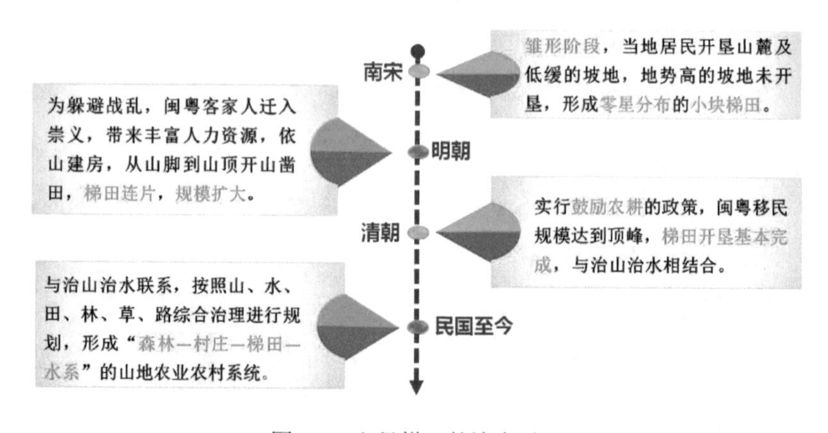

图8-1　上堡梯田的演变过程

明时，饱受战乱之苦的闽粤客家人，为避倭患，纷纷迁入崇义。为了

① 陈桃金，刘维，赖格英，等．江西崇义客家梯田的起源与演变研究［J］．江西科学，2017，35（2）：213-218.

② 杨波，闵庆文，刘春香．江西崇义客家梯田系统［M］．北京：中国农业出版社，2017.

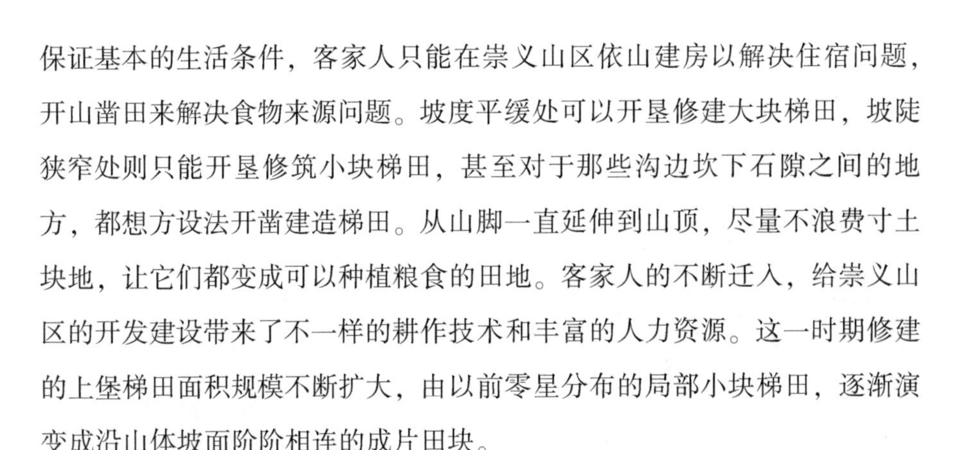

保证基本的生活条件，客家人只能在崇义山区依山建房以解决住宿问题，开山凿田来解决食物来源问题。坡度平缓处可以开垦修建大块梯田，坡陡狭窄处则只能开垦修筑小块梯田，甚至对于那些沟边坎下石隙之间的地方，都想方设法开凿建造梯田。从山脚一直延伸到山顶，尽量不浪费寸土块地，让它们都变成可以种植粮食的田地。客家人的不断迁入，给崇义山区的开发建设带来了不一样的耕作技术和丰富的人力资源。这一时期修建的上堡梯田面积规模不断扩大，由以前零星分布的局部小块梯田，逐渐演变成沿山体坡面阶阶相连的成片田块。

上堡梯田的开垦在清朝时期基本完成，因此清朝可以说是上堡梯田的完成时期。清康熙年间，政府实行了一系列大力鼓励农田耕作的政策，同时由于大量的人员迁入，使得闽粤移民规模达到最高峰。这一时期修筑的梯田不仅是为了获得粮食，更是与治山治水相结合，进一步发挥了梯田的保水固土作用。

到了民国时期，客家人继承了清朝时期将修筑梯田与治山治水相结合的优良传统，并在此基础上形成了引洪漫淤、保水、保土、肥田的梯田技术和理论，如稻草入田、绿肥种植、施人畜粪、养红花草等肥田技术，通过稻田养鱼和稻田养鸭等具有良好的生态和经济效益的种养模式来增强地力、消除杂草害虫。

20 世纪 80 年代后，在合理利用土地与保持水土的前提下，对梯田的修筑开始按照山、水、田、林、草、路综合治理进行规划，修筑方法变得多种多样，如人工修筑、机械修筑等。现如今，上堡梯田形成了在山顶高海拔处种植大片灌木林和毛竹林，在山腰低海拔处开辟一层又一层的梯田，人居山腰处的基本模式。这种模式将山涧、泉水、沟渠与森林、竹林、梯田、村庄和谐地结合在一起，成为体现天人合一的“森林—村庄—梯田—水系”的山地农业农村系统（见图 8-2）。

图 8-2　上堡梯田“森林—村庄—梯田—水系”和谐体系

随着社会的发展，上堡梯田渐渐闻名全国，每年都有众多的摄影家、作家、画家们来到上堡，走进梯田群。如今，更多与上堡梯田相关的元素受到关注，不仅包括其物质景观，而且包括其文化景观，如长期农耕产生的文化习俗，已成为客家农耕文明的一道奇观，其中“舞春牛”先后被列入赣州市、江西省非物质文化遗产保护项目。2012 年上堡梯田被上海大世界基尼斯认证为“最大客家梯田”，2013 年被农业农村部认定为首批“中国美丽田园”，2014 年被农业农村部评为“中国重要农业文化遗产”，2016 年被农业农村部列入“全球重要农业文化遗产”预备名单，2018 年在第五次全球重要农业文化遗产国际论坛上被认定为“全球重要农业文化遗产”。

第二节　工程概况

一、自然概况

（一）地理区位与行政区划

崇义县位于江西省西南边陲，地处东经113°55′至114°38′，北纬25°24′至25°55′之间，与湖南、广东两省相邻，属赣州市辖县之一。崇义县东与南康县接壤，南与大余县和广东省仁化县相交，西与湖南省汝城县、桂东县毗邻，北与上犹县交界。东西长约73千米，南北宽约59千米，全县总面积为2206.27平方千米，距赣州市79千米。

2018年全县总人口21.67万人（城镇人口4.92万人，乡村人口16.75万人），其中汉族（客家民系）人口占99%以上，以畲族为主的少数民族不足1%。客家民系是祖籍中原的汉族，历经多次大范围向南迁徙，在南方各省形成的独具风貌的族群，是汉民族的重要分支。全县辖6镇10乡（横水镇、长龙镇、扬眉镇、过埠镇、铅厂镇、关田镇；聂都乡、文英乡、乐洞乡、丰州乡、龙勾乡、金坑乡、杰坝乡、思顺乡、麟潭乡和上堡乡），县政府设在横水镇。

（二）地形地貌

崇义境内山脉纵横交错，群峰起伏连绵，境内海拔在1000米以上的山峰多达232座。最高峰是西北部思顺乡的齐云山，为诸广山主峰，海拔

2061.3 米；最低处在龙勾乡的兰坝，海拔仅 135 米，全县地势由西南向东北方向倾斜。按其地貌特征大致可分为四种类型：中山、低山、高丘陵和河谷阶地，其中山地（海拔 500 米以上）占全县面积的 47.67%，高丘（海拔 300~500 米）占全县面积的 45.06%，低丘及河谷阶地（海拔 300 米以下）仅占 7.27%。由此可见，崇义县是一个以山地、丘陵为主的区域（占全区土地总面积的 92.73%），人们习惯形容崇义为“九分山，半分田，半分道路、水面和庄园”。

（三）水文气候

崇义的江河属长江流域赣江水系，是章水干流重要的支流。河流以大江、小江、扬眉江为主，文英、上堡、思顺、金坑、聂都、义安、新溪等河次之，累计有大小河流 83 条，其中流域面积大于 20 平方千米的有 30 条，小于 20 平方千米而大于 5 平方千米的有 53 条，总长度 980.9 千米。崇义县平均河流密度为每平方公里 0.44 公里。

大江发源于湖南省汝城县黄岭山，流经县境的丰州、古亭、麟潭、过埠注入陡水水库，境内全长 82.5 千米；小江发源于曼都乡北部大章山北麓沙溪洞，是章江的源头，流经关田、横水、茶滩注入陡水水库，全长为 67 千米。扬眉江发源于长龙镇新溪村云山西麓，流经长龙、扬眉、龙勾入南康市境内，与章江南源汇合，全长 57 千米。

崇义县雨量充沛，溪流纵横，地表水和地下水资源都比较丰富。据统计，县境径流总量约为 22.57×10^8 立方米，地下水储存量为 2.71×10^8 立方米，共有水资源 23.26×10^8 立方米，水能蕴藏量理论上达 19.89×10^4 千瓦，可年产电能 17.40×10^8 千瓦时。

崇义属中亚热带季风湿润气候区，冬夏季风盛行，四季分明，冬无严寒、夏无酷暑，日照少，雾日雨日多，垂直气候差异大，小气候明显，适

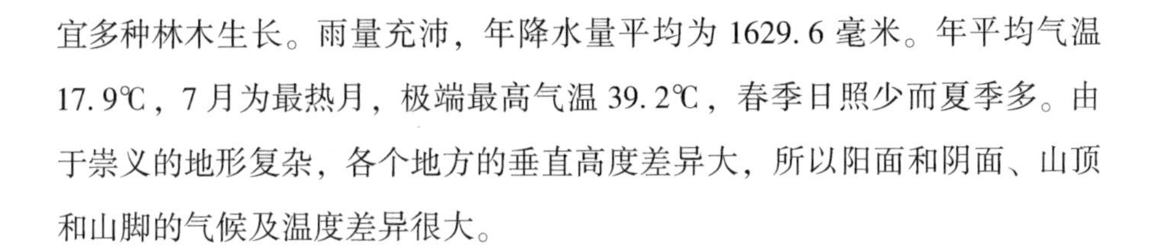

宜多种林木生长。雨量充沛，年降水量平均为1629.6毫米。年平均气温17.9℃，7月为最热月，极端最高气温39.2℃，春季日照少而夏季多。由于崇义的地形复杂，各个地方的垂直高度差异大，所以阳面和阴面、山顶和山脚的气候及温度差异很大。

（四）植被土壤

崇义县林地资源种类丰富，林地面积为19.82公顷，有林地16.01公顷，乔木林地11.50万立方米，活立木蓄积量1375.53万立方米，竹林面积4.51公顷，活立竹量7400万株。全县森林覆盖率高达88.3%，为全国县级之最、南方重点林业县之冠，有“中国竹子之乡”“中国南酸枣之乡”之称。2018年9月国家林业和草原局正式授予崇义县“国家森林城市”称号。

崇义县属于南方红壤区，红壤为崇义县的主要土壤类型，其次为山地黄壤和水稻土。红壤是在中亚热带生物气候条件下形成的典型地带性土壤，是崇义发展林业和多种经营的主要土壤；水稻土是全县的主要农业土壤。因崇义县重视森林植被的保护，加之其独特的气候条件，土壤表层的腐殖土较多，土层深厚。

二、工程概况及形成的梯田农耕体系

（一）工程现状

上堡梯田位于江西省崇义县，地处东经113°55′至114°38′、北纬25°24′至25°54′之间，梯田分布在罗霄山脉与诸广山脉之间，坐落在海拔

2061.3 米的赣南第一高峰齐云山景区内①②。北邻崇义思顺乡，南连崇义丰州乡，东接崇义麟潭乡，西靠湖南桂东县，至崇义县城 46 千米，距赣州市 120 千米。上堡梯田面积将近 3000 公顷，因地形原因大多属于陡坡梯田，规模性连片区位于上堡、丰州和思顺 3 个乡镇（见图 8-3），梯田面积共有 2044 公顷。核心区位于上堡乡，涉及 10 个村，共有梯田 1491.13 公顷，连片面积较大的梯田群位于上堡乡水南村、赤水村、良和村、正井村等地③。

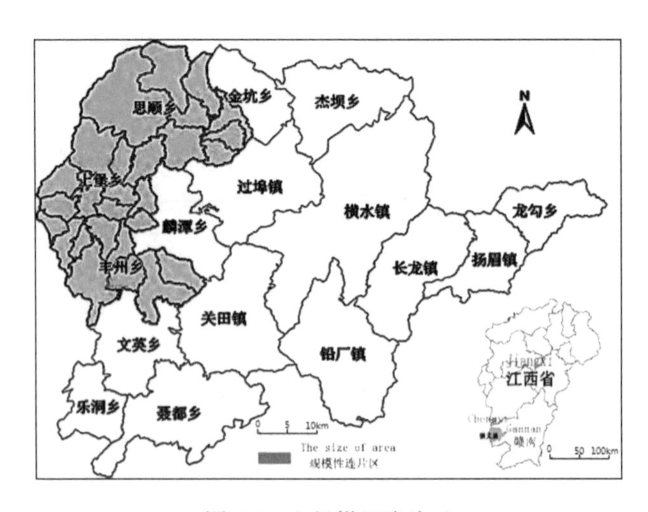

图 8-3　上堡梯田连片区

（二）梯田农耕体系

崇义上堡梯田由于其独特的地形和气候条件，在长达 800 多年的灌溉

① 缪建群，杨文亭，杨滨娟，等．崇义客家梯田区生态系统服务功能及价值评估［J］．自然资源学报，2016，31（11）：1817-1831.

② 缪建群，王志强，杨文亭，等．崇义客家梯田生态系统服务功能［J］．应用生态学报，2017，28（5）：1642-1652.

③ 缪建群，王志强，马艳芹，等．崇义客家梯田生态系统可持续发展综合评价［J］．生态学报，2018，38（17）：6326-6336.

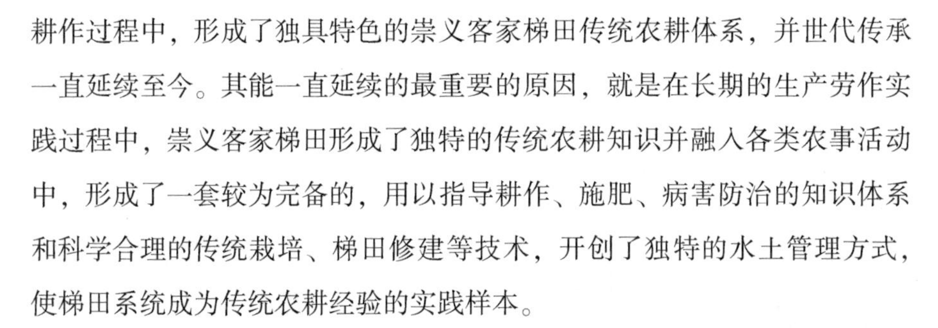

耕作过程中，形成了独具特色的崇义客家梯田传统农耕体系，并世代传承一直延续至今。其能一直延续的最重要的原因，就是在长期的生产劳作实践过程中，崇义客家梯田形成了独特的传统农耕知识并融入各类农事活动中，形成了一套较为完备的，用以指导耕作、施肥、病害防治的知识体系和科学合理的传统栽培、梯田修建等技术，开创了独特的水土管理方式，使梯田系统成为传统农耕经验的实践样本。

1. 梯田传统农耕体系

（1）传统农耕知识

崇义客家农民在生产活动中根据当地的物候特征、自然环境、土壤状况、农作物生长习性，经过长期用心观察、反复琢磨、不断探索，逐步积累，总结并形成朗朗上口、易记易懂和代代相传的农谚俗语，用以指导生产，进行农事安排，不误农时。例如：“微雨众卉新，一雷惊蛰始。田家几日闲？耕种从此起。”即是说春节一过，就要考虑一年的生产计划，查阅“春牛图”，看哪一天是“惊蛰”，掐着日子开始一年的耕作了①。以梯田水稻种植为例，立春后，查阅“春牛图”，进行全年农业生产规划，惊蛰后开始整理梯田，主要是犁田和耙田，一般是二犁二耙，也有三犁三耙。清明至谷雨期间播种育秧，立夏至小满期间插秧，处暑至白露期间收获水稻。

（2）传统耕作工具

农耕工具是传统农耕过程中的重要劳作工具。在上堡梯田的耕种中，农耕工具是客家文化思想和梯田生命延续相结合的产物，是梯田文化传承过程中客家人智慧和农业技术的结晶，也对客家人适应自然、塑造梯田文明有很大帮助。由于梯田耕作系统的特殊性，崇义客家农民制作出许多适

① 杨波，闵庆文，刘春香．江西崇义客家梯田系统［M］．北京：中国农业出版社，2017.

用于当地梯田耕作的农业生产劳作工具①（见图 8-4）。自古以来，牛配犁是主要的土地翻耕方式，牛是农田传统耕作活动中的主要劳动力。在现代农业机械出现以前，水田几乎全部用牛配犁、耙来翻田，缺牛的农户有时

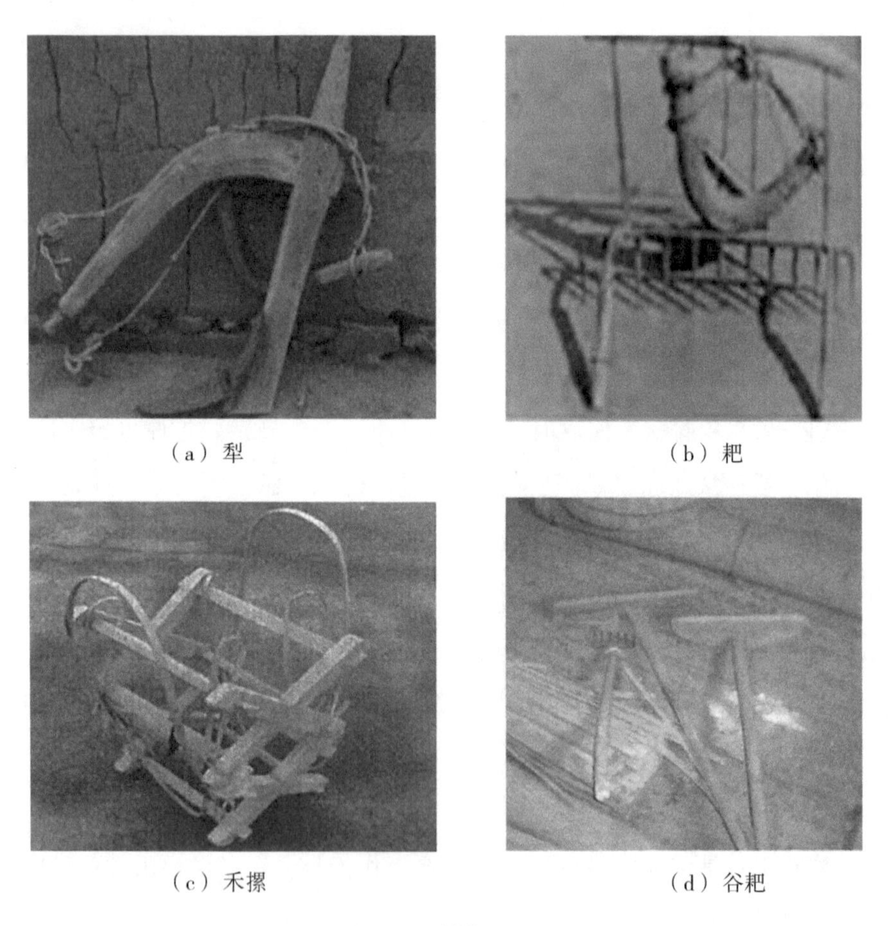

（a）犁　（b）耙

（c）禾擛　（d）谷耙

图 8-4　耕作工具

① 马艳芹，钱晨晨，孙丹平，等．崇义客家梯田传统农耕知识、技术调查与研究［J］．中国农学通报，2017，33（8）：154-160.

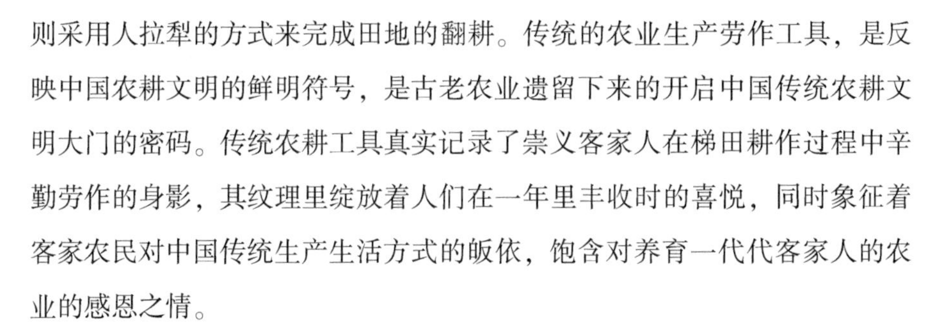

则采用人拉犁的方式来完成田地的翻耕。传统的农业生产劳作工具，是反映中国农耕文明的鲜明符号，是古老农业遗留下来的开启中国传统农耕文明大门的密码。传统农耕工具真实记录了崇义客家人在梯田耕作过程中辛勤劳作的身影，其纹理里绽放着人们在一年里丰收时的喜悦，同时象征着客家农民对中国传统生产生活方式的皈依，饱含对养育一代代客家人的农业的感恩之情。

(3) 修建与维护技术

崇义上堡梯田是由畲田发展而来的（见图 8-5）。畲田是一种比较原始

图 8-5 梯田的形成与维护

的山地开发利用方式，畲田由于没有修建田埂，也无任何田间管理，因此水土流失情况比较严重。为解决水土流失问题，客家农民对畲田进行了改造处理，通过挖高补低，将畲田中多余的田泥用作堆垒田埂，对于一些梯田中地势高、水源不便的田块，农民在梯田顶端建造坡塘或保留原始森林，用来蓄存灌溉水源。崇义上堡梯田自古就有“山有多高、水有多高，

水有多高、田就有多高”的说法，梯田上方山坡上源源不断的渗水是梯田灌溉的主要水源，加之通过人工修建的灌溉水渠或简易管道的输送，最终将雨水与山泉水引入农田。梯田之间的灌溉通常采用自流漫灌方式对水资源进行合理的调配，其突出的特点是灌溉水源的地势要比灌溉田地高，能充分利用自然高差所形成的势能，不需要额外消耗机械能就可以完成灌溉①②。梯田修建完成之后，梯田田埂由于容易受暴雨径流冲刷，加之冬冻春融、鼠害穿洞、人畜踩踏等易导致坍塌、溃口，因此要随时对田埂进行日常检查和常规修整加固。

在梯田的维护方面，客家人自古就重视对梯田顶端森林的保护，在山林私有的时期就对山林进行了有效的管理③。山主严格保护用材林，间伐残次林作薪柴，无山的人家须经山主同意方可入山砍柴。宗族众山、村落的水口山以及梯田的灌溉水源由宗族进行严格的管理。正源唐姓在康乾时期组织了“禁山会”，公举执事若干人专事巡山督查，防止滥砍、盗伐。禁山会向各户征集“头钱”购置田产，将田产放租以收取租谷，其租谷除完税所余即用作“禁山会”的各种开支。正是这种严格的保护，才使得梯田顶端的竹林成为一个大的“蓄水池”，保证了梯田水稻用水的充足。

（4）水土资源利用与管理

数百年来，上堡梯田一般一年只种一季水稻，即采用一年一熟的稻—闲耕作制。春节一过、惊蛰一到便开始一年的耕作，农谚曰：“微雨众卉新，一雷惊蛰始。田家几日闲？耕种从此起。”梯田受海拔、阳光、气候

---

① 陈桃金. 崇义客家梯田系统景观空间格局研究［D］. 南昌：江西师范大学，2017.

② 缪建群，王志强，杨文亭，等. 崇义客家梯田生态系统发展现状、存在的问题及对策［J］. 生态科学，2018，37（4）：218-224.

③ 马岑晔. 哈尼族梯田灌溉管理系统探析［J］. 红河学院学报，2009，7（3）：1-4.

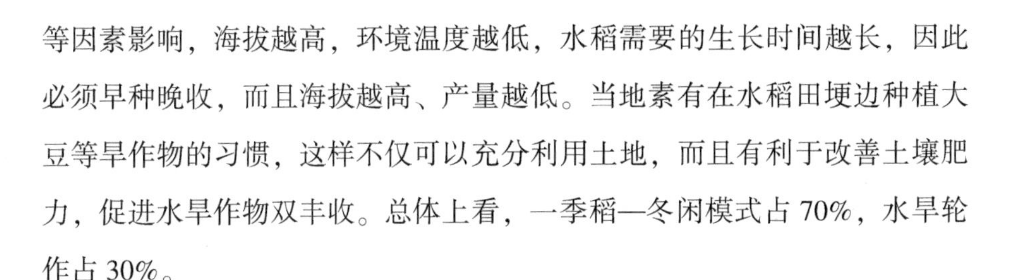

等因素影响，海拔越高，环境温度越低，水稻需要的生长时间越长，因此必须早种晚收，而且海拔越高、产量越低。当地素有在水稻田埂边种植大豆等旱作物的习惯，这样不仅可以充分利用土地，而且有利于改善土壤肥力，促进水旱作物双丰收。总体上看，一季稻—冬闲模式占 70%，水旱轮作占 30%。

20 世纪初崇义只有个别田块采用一年两熟的稻—稻—闲制，个别土质好的地区才实行少量的一年三熟的稻—稻—油菜（蚕豆）或稻—稻—肥（萝卜青）制。20 世纪 60 年代，各地开始推广早稻，实行“早稻—二晚稻—绿肥、油菜”耕作制，一年可收获三次作物。崇义客家梯田区水田耕作制度有稻—稻—肥（红花草）制、稻—稻—油（油菜）制、稻—稻—豆（蚕豆）制、稻—稻—闲制、稻—闲制等。梯田田块由于呈现出阶梯形式，其通风透光条件好，对农作物的生长和营养物质的积累非常有利。

上堡梯田以上区域覆盖着具有涵养水土功能的森林植被，茂密的森林植被通过对雨水进行吸收和过滤，储藏了丰富的水资源，确保了梯田灌溉水源（见图 8-7）。森林植被是整个梯田生态系统不可或缺的一部分，具有蓄水、保土、减洪、增产等多位一体的功能，作为坡耕地水土流失治理的重要措施，其作用十分显著，体现了梯田上部区域植被的良好纳水条件。此外，当地人还在山顶种植具有较好蓄水能力的毛竹来提高水源涵养能力，不仅预防了水土流失，同时还确保了梯田种植水稻的用水量。

2. 梯田自流灌溉系统

上堡梯田自流灌溉系统主要由蓄水工程、灌排渠系和控制设施三部分组成。

（1）蓄水工程

要实现梯田的自流灌溉，首要条件必须要有灌溉水源。上堡梯田区域无塘无库，却有源源不断的水流，其蓄水工程是位于梯田上方的森林生态系统。山顶森林茂密、植被丰富、纳水条件好。当地人还在山坡上种植毛竹来提高水源涵养能力（见图 8-6）。

（a）山顶植被丰富

（b）山坡竹林茂密

图 8-6 水源涵养林

森林的综合水源涵养能力包括三部分：林冠层的水源涵养能力、枯落物层的水源涵养能力和林下土壤层的水源涵养能力。森林生态系统中这三个作用层共同作用，提高了林地及其土壤的蓄水和渗透能力，保证了梯田的灌溉水源（见图 8-7）。林冠层的水源涵养能力一般很小，通常不到枯落

（a）山体地下水

（b）岩石裂隙渗水

图 8-7　梯田灌溉水源

物水源涵养能力的百分之一，不到土壤层水源涵养能力的万分之一。森林植被和土壤是森林生态系统涵养水源功能的主体，只有同时具备良好的森林植被和深厚的土壤，才会具有较好的水文生态功能和较高的水文生态效益。因此，梯田区域的森林、土壤被形象地比喻为“天然水库”，是梯田灌溉水源的蓄水工程。

(a) 竹笕和天然地形输水

(b) 竹笕输水

（c）简易沟槽输水

图 8-8　山林中的输水方式

（2）灌排渠系

上堡梯田灌溉输水方式根据不同地形条件主要采用架设竹笕、埋设管道、修建水渠和借田输水等方式。在梯田灌溉水源地，即梯田上方的山林中，由于受地形条件限制，同时也为了尽量不破坏森林植被，主要采用竹笕输水、开挖简易沟槽或者依靠其天然的地形来输水（见图 8-8）。在山林和梯田之间，主要通过埋设管道和修建水渠的方式将灌溉水源输送到梯田中（见图 8-9）。梯田与梯田之间主要通过建水渠和借田输水等方式完成水流灌溉，由于梯田独特的地形条件，借田输水不仅省时省力，而且科学有效（见图 8-10）。

（a）管道输水

（b）管道和水渠输水

（c）水渠输水

图 8-9　山林和梯田之间的输水方式

（a）水渠输水

（b）借田输水 1

（c）借田输水 2

图 8-10　梯田间的输水方式

此外，土壤孔隙作为梯田自流灌溉系统中的微型灌排系统（见图 8-11），在完成梯田水源灌溉过程中也起到了重要作用。上堡梯田表层土壤主要为花岗岩经风化后形成的沙壤土，沙壤土渗水性能较好，雨水流入土壤后，顺土壤内部结构孔隙沿山体坡面缓慢渗透，连绵不断的山坡土体就像覆盖在山坡的输水网络。仔细观察，会发现每一条石缝岩隙里都有细细的泉水渗出，每一个土坎下方都有数不清的晶莹剔透的水滴流出，这些渗水口像设置在塘堰的放水涵，像分布在河坝的引水口，又像均匀分布在山体坡面上的米筛之孔，昼夜不停地向坡面外吐露甘泉玉珠，源源不断地滋润着梯田中的禾苗。

图 8-11　微型灌排系统

（3）控制设施

在上堡梯田自流灌溉系统中，当地农民会根据灌溉水量的多少在水渠的不同位置开凿不同大小的分水口来解决田块之间的水量分配问题，同时通过放置不同大小的石块来调节过流量（见图 8-12）；在埋设输水管道时，在不同节点位置设置了小型手动闸阀来控制过流量（见图8-13）。在近年来修建的混凝土水渠中，还在分水口设计了门槽以放置简易闸门（一般为木闸门）来控制过流量（见图8-14）。

（a）分水口石块控制1

（b）分水口石块控制2

图8-12　用石块调节过流量

（a）管道闸阀控制 1

（b）管道闸阀控制 2

图 8-13　闸阀控制过流量

图 8-14 水渠闸门槽

第三节 存在的主要问题

一、传统农耕技术传承渐渐消失

崇义客家梯田位于赣南偏远山区，这里的客家人世世代代以农业种植为主要生活手段。然而，随着经济社会的发展，农村城镇化进程的加快，该地区的青壮年劳动力很少有人愿意留下来务农，大部分人选择外出打工。以上堡乡水南村为例，2012 年，该村有 800 多人外出务工，约占全村总人数的 53%。大量的中青年劳动力流失，只剩年迈的劳动力在从事农业生产活动，随着老年劳动力不再具有从事农业生产的身体条件，梯田就逐渐被荒废①。

同时，农村大量青壮年劳动力转移至其他行业，传统的生活方式、世代相传的技能技艺出现后继无人的局面。与农业相关的民俗、礼仪缺乏继承，也渐渐断代消失。农业的许多优良传统，如生物防治等传统农业生态系统，因为缺乏传承，加上效益低，难以在乡村保留。

二、稻作文化保护意识薄弱

江西崇义客家梯田系统有着古老且优秀的农业文明传统，同时这里拥有大片竹林以及原始生态环境。这些自然生态环境不仅能渲染、衬托景区氛围，为生态景观增色，更为重要的是其具有涵养水源、保持水土、平衡生态的作用。但当前一些地区民众的稻作文化保护意识薄弱，过度开发利用梯田资源或将梯田水稻作物改种其他经济作物，甚至撂荒，这将对崇义客家梯田原有的自然环境和生态环境造成破坏，严重威胁整个遗产地的可持续发展。

随着人类文明和生活方式的日新月异，崇义客家梯田生态系统传统农耕文化及其支撑体系受到威胁。首先，在市场驱动和城市化发展的影响下，年轻一代进城务工者明显增多。其次，掌握传统知识者多为中老年人，年轻一代不愿从事管理复杂、产投比低的种植业，且对传统种植业技术也掌握甚少。最后，人们对崇义客家梯田的关注热度远远低于云南哈尼梯田、广西龙脊梯田等农业文化遗产地，从整体来看，对于传承和发展崇义客家梯田生态系统传统农耕文化的探讨存在明显不足。这些严重阻碍了崇义客家梯田生态系统传统农耕文化的可持续发展。崇义县与梯田生态系统有关的非物质文化遗产可分为 12 类共 352 件，已消亡和濒临消亡的非物

① 缪建群，王志强，杨文亭，等．崇义客家梯田生态系统服务功能［J］．应用生态学报，2017，28（5）：1642-1652.

质文化遗产有 181 件，占总件数的 51.42%。在 12 类遗产中，传统美术、人生礼仪和岁时节令保存较好，存有率达 100%；民间文学没得到较好的保护，存有率仅为 2.44%。①

三、传统品种种植面积减少

传统农作物品种普遍产量低、成本高，且传统种植模式生产集约度不高，缺乏市场化、组织化的运行，影响范围与力度有限，所以不具备规模优势，很难与现代化农业展开竞争。传统的一家一户小农生产方式也使得种植者难以获得广泛准确的市场信息、难以宏观把握供需情况，加之缺少高效的服务支撑体系，从而难以形成产业合力，经济收益很难获得保障。以上这些因素将导致当地农民改变作物种植品种，由种植传统农作物变为种植经济作物，例如，在入户调查的过程中我们发现，约 56%的村民种植毛竹，其中有些村民家的毛竹收入占总收入的绝大部分，这一现象如果继续演化，势必将威胁梯田的种植面积及生物景观。此外，由于杂交水稻高产增收，日常管理相对简单，现阶段也有更多人选择了种植杂交稻来替代传统有机水稻。1977 年当地中稻、二晚稻开始全面种植杂交稻，至 1985 年早中晚三季水稻的所有品种都使用杂交种，2000 年以后杂交稻开始从零散试种到集中连片培制形成了规模生产。这些高产品种的大面积推广，取代了更能体现生物多样性的地方品种并使其逐渐灭绝。还有过分使用化学肥料，放弃有机肥，使土壤性状不可持续；滥用农药使害虫抗药性提高，环境遭受污染，益虫大量死亡等②。

---

① 缪建群，王志强，杨文亭，等. 崇义客家梯田生态系统服务功能［J］. 应用生态学报，2017，28（5）：1642-1652.

② 马艳芹，钱晨晨，孙丹平，等. 崇义客家梯田传统农耕知识，技术调查与研究［J］. 中国农学通报，2017，33（8）：154-160.

20世纪末期，伴随着粮食和经济作物的多样化，番薯、玉米、高粱和粟等传统农作物逐渐淡出主粮行列，仅作为赏鲜品而少有种植，高粱、向日葵在当地甚至濒临绝迹。另一方面，由于杂交水稻高产高效，种植一季就基本上能满足当地人的粮食需求。随着农村中青年劳动力向外转移，杂交水稻成了农户种植的第一选择，传统水稻种植面积萎缩严重、品种逐渐消失。崇义客家梯田生态系统有传统水稻品种94种，现阶段，除了红米、大禾子等极少数品种外，其他传统高秆、矮秆水稻品种几乎无人种植，传统水稻种植面积明显减少，传统有机水稻品种流失严重，生物多样性受到严峻挑战。

第四节 价值剖析及其对现代农田水利的启示

崇义梯田不仅是一种重要的农业文化遗产，而且可作为独特的农业景观，其中包含了山区人民在长期耕作的过程中形成的具有地方特色的乡土景观资源和乡土文化。本小节将展开对崇义客家梯田相关价值的剖析，进而总结出对现代农田水利发展的一些启示。

一、价值剖析

（一）景观资源

梯田景观由山体、村落、梯田的空间位置关系等因素决定，作为人地和谐共处的良性人类生态系统和土地持续利用的样板，是一种具有美学、生态和文化等多重价值的景观。

1. 较高的美学价值

崇义客家梯田被誉为客家农耕之源，其景观是一种兼具自然性、生产性以及文化性的综合景观，是人与土地、山林和谐共存的杰作，先后被农业农村部认定为“中国最美休闲乡村”“中国重要农业文化遗产”。遗产范围内的梯田面积占耕地面积的13.49%，但处于核心区的上堡梯田面积达1491.13公顷，占上堡乡耕地面积的94.5%，分布集中，且面积较大，因此被上海大世界基尼斯认定为“最大的客家梯田”。

上堡梯田最高海拔1260米，最低280米，垂直落差近千米，最高达62梯层。梯田如链似带，从山脚盘绕到山顶，小山如螺，大山似塔，层层叠叠，高低错落（见图8-15）。梯田坡度大，多处于40°~70°，属陡坡梯田。由于坡度大，梯田大多数为只能种1~2行禾苗的“带子丘”和“青蛙一跳三块田”的碎田块（见图8-16）。这种景观格局不仅凸显了梯田扩展耕地面积的功能，有效提高了土地利用价值，而且具有较高的生态美学

图8-15　上堡梯田

价值。上堡梯田一年四季景观各异：春来，江满田畴，如串串银链山间挂（见图 8-17）；夏至，佳禾吐翠，似排排绿浪从天泻（见图 8-18）；金秋，稻穗沉甸，像座座金塔立玉宇（见图 8-19）；隆冬，雪兆丰年，若环环白玉砌云端（见图 8-20）。

图 8-16　“带子丘”田块

图 8-17　梯田春曲

图 8-18　梯田夏蕴

图 8-19　梯田秋色

图 8-20　梯田冬景

2. 较好的生态价值

耕地和林地是上堡梯田主要的土地利用类型，林地以竹林和针阔叶混交林为主，耕地以水田为主。上堡梯田依托山势，通过大大小小的水田、成片的竹林和阔叶林等对天然降水的截留和储存，充分发挥水田、树林、竹林和草地的水源涵养作用，有效减少了洪涝、干旱灾害对农业生产的负面影响。通过测算①，整个崇义客家梯田水源涵养的总量达到 74.8 亿立方米，水源涵养作用非常明显。

此外，上堡梯田是一个半自然半人工生态系统，主要包括水田、森林、园地和草地等，具有较好的环境净化功能和气体调节功能。森林和水田生态系统对于改善当地空气质量具有非常重要的作用，能够吸附 SO_2、NO_x、HF 和滞尘等。综合计算来看②，整个崇义客家梯田每年能够吸附 SO_2 的量约为 1.0 万吨，吸附 NO_x的量约为 451.94 吨，吸附 HF 的量约为 166.08 吨，吸附滞尘的量约为 115 万吨，环境作用明显。梯田的气体调节功能主要体现在竹林、阔叶林和水稻等对 CO_2的固定和 O_2的释放上，这对于降低区域温室气体浓度具有重要作用。据估算③，崇义客家梯田区域内年固碳量达 177 万吨，释放 O_2达 130 万吨，具有非常好的改善空气质量的功能。

3. 较强的水保功能

梯田是防止水土流失、涵养水源的一项有效措施。将坡耕地修成梯田不但可以增加土壤含水量，还能减少 90%以上的水土流失。坡耕地修成水平梯田之后，田面变得平整，地面坡度和径流系数改变，坡长缩短，并且

---

① 余新晓，史宇，王何俊，等．森林生态系统水文过程与功能［M］．北京：科学出版社，2013.

② 余新晓，史宇，王何俊，等．森林生态系统水文过程与功能［M］．北京：科学出版社，2013.

③ 余新晓，史宇，王何俊，等．森林生态系统水文过程与功能［M］．北京：科学出版社，2013.

田坎拦截了梯田间距内产生的径流和冲刷的泥沙，从而避免或减轻了径流的产生。一般来说，坡改梯减缓坡度后，减沙效果达24%~95%，平均为70%左右，同时可减少地表径流42%~47%。

上堡梯田得天独厚的自然条件以及历史悠久的良性农业耕作模式对保持土壤有利。农作物、树木和竹林种植对地表的覆盖可增加土壤入渗强度，改变地面坡度和径流系数，缩短坡长，并且田坎可拦截住梯田间距内产生的径流和冲刷的泥沙，从而避免或减轻径流的产生，使坡耕地成为保水、保土、保肥的“三保田”，起到良好的土壤保持作用。通过计算①，崇义客家梯田区域每年保持的土壤量达17.3万吨，森林植被每年保持的土壤量达909万吨。

（二）人文资源

在长期的农耕农事活动中，崇义客家人逐渐摸索并创造出不同于其他农业地区的文化风俗、宗教习俗、乡约民规、民居建筑、节日庆典、歌舞服饰、文学作品等。这些独具地方特色的文化活动围绕梯田这一核心，处处蕴藏着梯田文化，如今已成为客家农耕文明的一道靓丽奇观。在这些独特的文化艺术活动中，“舞春牛”“告圣”“烈酒文化”“农耕文化”等（见图8-21至图8-23），均具有浓郁的客家乡村风情和梯田特色。崇义客家梯田文化的传承主要依赖客家人通过古老传说、民俗文化、革命历史和农谚等传统的方式进行。客家梯田文化能传承并发展至今，归功于一代又一代优秀的文化传承人，他们利用优美的歌声和丰富的表演形式传承农耕文化，用勤劳与智慧延续祖先留下来的历史，担负起民族文化传承和传授的重任，让客家梯田文化的生命力经久不衰。

---

① 余新晓，史宇，王何俊，等．森林生态系统水文过程与功能［M］．北京：科学出版社，2013.

图 8-21　舞春牛

图 8-22　告圣

图 8-23　牛耕

在崇义客家梯田文化中，农耕谚语、山歌民谣、宗族思想都是梯田文化内涵的抽象体现，它们构成了客家梯田文化的精髓和核心，指导着客家人的生产、生活，也是客家人生产、生活的重要精神支撑，推动着梯田耕作社会的更替和发展；而饮食习惯（见图 8-24）、民居建筑（见图 8-25）、农耕工具、头饰服饰是梯田文化价值的具体载体，承载着客家人日常生产、生活的全部，并以此来传承和丰富客家梯田文化，维护着梯田文化系统的稳定和乡村体系的生存发展。

（三）工程价值

1. 科学性

一是规划思想的科学性。梯田的修建通盘考虑了山地自然条件，采取山顶、山腰、山脚分层施策的方法——山顶的森林及土壤储蓄水源；山腰布置村庄，水源经利用后排入山脚梯田；山脚开垦梯田，保证粮食供给，

图 8-24 客家连台宴

并起水土保持的作用，建成“森林—村庄—梯田”的坡地农业系统①。

二是修建过程的科学性。一方面，梯田一般采取“自下而上”的方式分阶段开垦，建造时顺应山形地势设置田块，充分适应人力、物力条件。另一方面，梯田的修建遵循“山地—旱地—台地—水田”的演变模式，循序渐进、逐步熟化。其修建过程的科学性主要体现在两方面：①科学地确定梯田规模。梯田自下而上逐年建设，逐步形成“山有多高，水就有多高”。在无法精确计算作物灌溉需水量的古代，根据历年种植经验，“量水为田”不失为一种较科学的做法。②逐年提高土壤肥力。经过“山地—旱地—台地—水田”各阶段的翻挖耕作，梯田的肥力逐年增强，又不会造成水土流失。

---

① 刘卉芳，张学俭，王昭艳，刘乔木．南方亚高山古梯田的水土保持机理及其保护措施研究［J］. 泥沙研究，2017，42（06）：35-39.

图 8-25　客家建筑

2. 先进性

一是蓄水工程的先进性。要实现梯田的自流灌溉，有稳定的灌溉水源是首要条件。上堡梯田具备良好的森林植被和深厚的土壤，其强大的涵养水源能力，被比喻为“天然水库”。据相关文献成果，崇义客家梯田水源涵养的总量达 74. 8 亿立方米，阳岭森林生态系统因植被众多而自然地截留、贮存天然降水，在很长一段时间内成为崇义县区生活用水的主要来源，水源涵养作用非常显著①。这与当前“自然积存、自然渗透、自然净化”的海绵城市建设理念是高度契合的。

二是灌排系统的先进性。上堡梯田灌溉输水主要采用借田过水、架设竹笕、修建小型水渠等方式。其中，借田过水的输水方式最为多见，田坎之间由竹笕联系，形成小型渡槽，不仅省时省力，而且科学有效。排水系

① 杨滨娟，邓丽萍，王礼献，等．江西崇义客家梯田农业生态保护的关键问题与途径［J］．农学学报，2016，6（10）：45-52.

统与自流灌溉理念基本一致，充分利用天然地形，在相邻梯田的合适位置处设排水口。同时，为避免输水过程中携带泥沙，在排水口下游设置了小型沉砂池。这与当前开展的基于低影响开发的雨水综合利用中沉淀池的设计如出一辙①。

三是水源利用的先进性。上堡梯田区的村庄生活用水充分利用了水的势能，减轻了人工挑水的辛劳。含有机质的生活用水流入农田，又增加了农田的肥力。当地农民根据灌溉水量的需求，开凿不同大小的分水口、放置不同大小的石块，进行田块之间的水量分配和流量调节。他们在长久的耕作过程中形成了一套较为完整的水量控制方法。

3. 生态性

上堡梯田建造过程中采用的建筑材料均为就地取材，修建初期主要为土壤、竹篼、石块等，均为原始的建筑材料，做到安全、环保、生态。在梯田的修筑过程中，有效地保存了森林的原始生态。

此外，上堡梯田的耕作方式也体现了较好的生态性。梯田的肥料以人畜粪尿、草木灰等农家肥为主。秋收后田间散养禽畜的粪便与秸秆共同发酵，保证了田间土壤的肥力。病虫防治尽量避免使用农药，而是采用冬翻，火烧杂草，家禽捕捉，撒石灰、草木灰和油茶枯饼等土农药的方法②。

4. 延续性

上堡梯田的梯田、森林、水系均以自体循环的方式运转，保证了上堡梯田具有良好的延续性。自流引水借助水的重力作用，水源由高向低自流

① 杨艳，马建武．云南哈尼族箐口村水资源利用的启示［J］. 包装世界，2017（2）：67-70.

② 缪建群，王志强，马艳芹，等．崇义客家梯田生态系统可持续发展综合评价［J］. 生态学报，2018，38（17）：6326-6336.

进入田地，充分利用了自然高差所形成的势能，灌溉过程不消耗机械能①。上堡梯田至今已运行800余年，历朝历代对梯田进行了多次扩建和修缮。近年来，随着农业的发展，上堡梯田区建有少量输水管道、混凝土渠道。然而，其自流灌溉体系的工程形式和布局仍然完整地保存着，整个体系只在少量地区对渠道衬砌和管道供水进行了完善，其他工程设施、布局和功能均保存完好，至今仍持续发挥着灌溉功能。

二、对现代农田水利的启示

（一）科学治水兴水，实现系统治理

上堡梯田形成的“森林—村庄—梯田—水系”山地农业体系，由森林子系统、村庄子系统、梯田子系统和水系子系统组成，充分利用了森林的水源涵养功能、梯田的水土保持功能，形成了梯田的水土保持功能、水利灌溉的循环系统，较好地诠释了系统治理的成果。

现代治水兴水是一项系统工程，应注重与水土流失、河流水系、生态系统等工程的统筹推进，实现系统治理。近年来，随着水利改革的深入，由传统农田水利向现代农田水利转变是现实需要。相应的，现代农田水利应以“山水林田湖草”生命共同体、治水新思路为准则，不仅要考虑水利功能，还应重视水土保持、生态环境保护等功能②。

（二）合理规划布局，实现因地制宜

上堡梯田在规划时将山体分为上部森林地带、中部缓坡地带和下部梯

---

① 缪建群，王志强，马艳芹，等．崇义客家梯田生态系统可持续发展综合评价［J］．生态学报，2018，38（17）：6326-6336.

② 张爱梅．简析农田水利工程与生态系统的关系影响与协调发展［J］．河南水利与南水北调，2014（11）：55-56.

田地带三个部分——上部森林地带保留原始森林，涵养丰富的水源；中部缓坡地带布置村落，溪流贯穿整个村庄，供应日常用水；下部梯田地带适宜稻谷生长。上堡梯田的规划布局顺应了地形地势、气候特征，依山就势布置房屋、植被、灌排水系统及农业生态循环系统，对现代坡耕地水土保持有很好的借鉴与参考作用。

为解决耕地资源紧缺的问题，我国历来将修建梯田作为补充耕地的主要手段。据粗略估计，截至2014年年底，我国目前的梯田总面积应该在3亿~4亿亩①。由于缺乏合理设计，不少梯田建成数年后就难以为继，白白浪费了大量的人力、物力；在许多地狭、坡陡等不适合区域进行梯田建设，反而加剧了水土流失。因此，合理的规划设计、因地制宜不仅是现代农田水利的基本要求，也是解决农田灌溉空间分布不均的重要手段。

（三）尊重自然规律，实现低影响开发

上堡梯田在建设、改造和利用梯田方面充分尊重自然规律，保留了山顶原始森林，充分利用梯田涵养水土，减少了农业开发带来的不良影响。田间采用自流方式调配水资源，灌溉过程无须消耗机械能。

具有良好的生态效益，是发展现代农业的物质基础。农田水利建设不可避免地会对原有地形地貌进行改变，从而对生态环境形成一定程度的影响，因此，协调好工程建设与生态环境保护的关系十分重要。进行现代农田水利开发时，需要对区域气候、土壤、下垫面、植物等方面进行详细深入的了解后，因地制宜地建立灵活的、地方性的低影响开发策略。

（四）重视资源利用，实现可持续发展

上堡梯田水资源可分为储备用水、生活用水和灌溉用水三个部分，形

---

① 李含琳．我国山地农村实施梯田改造升级工程的可行性分析——以甘肃省的情况分析为基础［J］．天水行政学院学报，2016，17（4）：3-6.

成了水资源高效利用链。①储备用水。在水量较多的泉眼处修筑蓄水池，储备用水通常用于火灾救火和旱季的生活用水。②生活用水。修筑水池蓄水供日常饮用和清洗。在水流较急处，建有水碾、水磨等生产工具，节省了一部分劳动力。③灌溉用水。经初级利用的水进入梯田进行灌溉。上堡梯田通过微地形的营造，在源头分散调蓄雨水、控制径流，延长汇流时间，削减农业开发对环境的影响，实现可持续发展。

当前，我国正处于由传统农田水利向现代农田水利的转型期，更应强调水资源的优化配置。从农业用水方式来看，现代农田水利需要严格掌握用水时间、用水量，防止出现用水不均、不及时的问题。从农业用水目标来看，现代农田水利不仅要考虑农田的洪涝和抗旱需要，还要着眼于提高用水质量和用水效率，实现用水、节水、管水、护水的统一①。因此，现代农田水利应将先进的技术及管理经验应用于农田水利工程中，科学用水、高效节水，坚持走可持续发展的道路。

第五节 开展的保护工作

一、政府主导开展多元化保护

为科学完整地保存水利遗产，提高知名度和关注度，崇义县政府采取了多元化的保护措施，推动上堡梯田的申遗工作和水利风景区等的申报工作。上堡梯田于 2012 年被上海大世界基尼斯认证为“最大客家梯田”；

---

① 王炜．环境史视野下的传统农田水利建设研究［D］．南京：南京农业大学，2011.

2013年被农业农村部认定为首批“中国美丽田园”，崇义县成立了县申遗办公室，并启动了客家梯田的申遗工作。2014年被农业农村部评为“中国重要农业文化遗产”之后，2016年又被农业农村部列入“全球重要农业文化遗产”预备名单，2018年在第五次全球重要农业文化遗产国际论坛上被认定为“全球重要农业文化遗产”。同时，2016年上堡梯田入选江西省省级水利风景区，2017年8月入选第十七批国家水利风景区。

二、制定梯田保护规划

崇义县加强顶层设计，坚持规划先行，先后启动了《崇义县全域旅游发展总体规划》《上堡梯田提升策划及重要节点修建性详细规划项目》《江西崇义客家梯田系统保护与发展规划》等规划的编制工作，制定了《崇义客家梯田农业文化遗产保护与发展管理办法》和《崇义客家梯田农业文化遗产标志使用管理办法》，统筹客家梯田的保护、传承和发展工作，避免对梯田景区过度开发。一是鼓励梯田复耕。采取“谁种粮食谁得补贴”的措施，对核心区域梯田种植农户实行财政再奖补，对承包粮田又不耕种的农户不再给粮补款，对核心区域梯田复耕农户给予每亩一定的经济奖励。目前，已成功复耕梯田2000余亩。二是推行原生态种植。积极引进农业开发公司，成立以梯田种植为主的经营性公司，帮助流转撂荒梯田，并支付工资聘请当地农民进行生态耕种。三是保护传统民居。政府提供土地，鼓励有新建房屋要求的农户到生活更便利的地方建房，同时对在原址重建的房屋严格审批，严控层数、建筑面积，统一色彩格调和房屋外观，逐步恢复传统民居风貌。2017年，崇义县先后投入近5000万元，对梯田核心景区内6个自然村落实施了房屋维护与修葺。

三、注重文化挖掘和价值剖析

在文化挖掘方面，崇义县深挖农耕文化，筑牢梯田灵魂，重点对客家文化习俗、农田生态环境、资源开发利用等家底进行详细摸排，挖掘、整理以“舞春牛”“告圣”和田间山歌等为主的客家民俗文化资料，推动当地民俗祭祀表演“舞春牛”列入江西省省级非物质文化遗产保护名录，同时，组建客家梯田文化保护传承队伍，恢复组建“舞春牛”民俗表演队伍，与打造旅游观光、互动体验项目相融合，使古老的民俗礼仪得以活态传承。为突出客家梯田生态系统中的生物多样性，当地将黄元米馃、九层皮、竹筒饭、黄姜豆腐等客家美食，以及高山茶、笋干、苦菜干、杨梅干、红薯等原生态农产品与旅游业紧密关联，为当地旅游提供极具特色的饮食文化和原生态农副产品。崇义县精心挖掘 800 多年的梯田耕作史，打造“古色休闲”旅游品牌，修复太平天国古跑马场，挖掘整理与古跑马场有关的文化历史印记和逸事传说；打造客家和红色旅游资源，拨款 800 万元，完成上堡整训旧址修复改造工程，加快建设红色教育基地。

在价值剖析方面，2017 年，“上堡梯田原生态自流灌溉系统研究”课题获水利部鄱阳湖水资源水生态环境研究中心开放基金立项。该课题系统地梳理了上堡梯田的分布情况、形成的起源及演变过程，并在此基础上，进一步总结了在演变过程中客家梯田文化、传统农耕体系和自流灌溉系统的形成原因；同时，从地形地貌、土壤地质、气象水文和人类活动等方面，对实现梯田自流灌溉的影响因素进行分析，以揭示上堡梯田原生态自流灌溉的形成机理，深度挖掘其蕴涵的价值，为更好地保护上堡梯田提供了良好的技术支撑。

第九章 总　结

第一节　本书的主要研究内容

江西农业是基础，水利是命脉。古代江西水利工程建设的发展历程不仅印证了中国古代水利的发展历程，也反映了当时朝代的经济、文化教育乃至整个社会的繁荣程度，对当代的水利建设具有极大的历史借鉴意义。尤其是其中的一些古代水利工程历经了多个朝代，经过一代又一代江西先民的不断维护加固、改建和完善，沿用至今，惠泽当下。这些在用古代水利工程都是跟地方的自然环境相适应的、独特的、生态的，提供的效益也是生态的，体现了古人巨大的智慧，每一个工程都是因地制导、因地制宜的产物，是一本很好的教科书。

本书的核心内容为作者主持研究的水利部鄱阳湖水资源水生态环境研究中心开放基金项目《泰和县古代水利工程槎滩陂对现代生态水利建设的启示》（编号：KFJJ201405）、《江西省民国以前水利工程资料整理及挖掘》（编号：ZXKT201509）、《上堡梯田原生态自流灌溉系统研究》（编号：ZXKT201703）以及江西省水利厅科技项目《江西省古代在用水利工程的保护策略研究》（编号：2016-007）4个项目的研究成果。本书在以上课题研究成果的基础上，通过查阅大量的古文献结合实地调研，重点对江西省水利发展历史及历代治水方略进行了梳理，掌握了全省古代水利工程的分布规律及空间特征，并选取典型在用古代水利工程进行价值剖析，深度挖掘其所蕴含的历史、科技、文化等价值，并结合江西省古代水利工程的保护现状及存在的主要问题，从多方面探索适宜江西省的古代水利工程保护策略，以期能推动这些古代水利工程获得更好地保护，继续弘扬和发扬它们的价值。主要成果如下：

第一，通过查阅古籍资料，详细梳理江西省水利工程的历史开发进程，详细地叙述不同时期水利工程历史发展，从历代治水思路与实践中总结经验和启示。

第二，通过文献研究，对江西省各设区市古代水利工程的类型和数量进行统计，进而分析其分布规律与空间特征。

第三，通过踏勘调研江西省两座具有代表性意义的水利工程，深入挖掘其工程、经济和社会价值，并总结其保护策略。

第四，通过研究国内外对在用古代水利工程的保护理论与实践探索情况，总结江西省在用古代水利工程保护现状及存在的问题，进而提出江西省古代水利工程保护策略。

第二节　本书的主要创新点

本书基于江西省水利工程的历史发展进程，分析了江西省古代水利工程的分布规律与空间特征，深入剖析了具有代表性意义的水利工程的工程价值，总结江西省在用古代水利工程保护现状及存在的问题，进而提出江西省古代水利工程保护策略。本书的主要创新点有以下三个方面：

第一，对江西省水利工程的历史发展进程进行了梳理，并按 4 个阶段来阐述不同时期水利工程历史发展，从历代治水思路与实践中总结经验和启示。

第二，首次对泰和县槎滩陂和崇义县上堡梯田两座古代水利工程的历史沿革、水文化遗存、保护现状展开分析，并进行价值剖析。

第三，针对江西省古代水利工程的保护现状和存在的问题，提出江西省古代水利工程保护策略。

参考文献

[1] 邓俊，王英华．古代水利工程与水利遗产现状调查［J］．中国文化遗产，2011.

[2] 王英华，谭徐明，李云鹏，等．古代在用水利工程与水利遗产保护与利用调研分析［J］．中国水利，2012.

[3] 吴楠．古代水利工程蕴含深厚文化价值［N］．中国社会科学报，2016-09-07（002）.

[4] 李放．江西古代水利史概略［J］．南方文物，1990.

[5] 王根泉，魏佐国．江西古代农田水利刍议［J］．农业考古，1992，3：176-181.

[6] 谢振玲．论尼罗河对古代埃及经济的影响［J］．农业考古，2010（01）：107-110.

[7] Butzer K W. Early hydraulic civilization in Egypt：A Study in Cultural Ecology［J］. Prehistoric archeology and ecology（USA），1976.

[8] Bard K A. Encyclopedia of the Archaeology of Ancient Egypt［M］. Routledge，2005.

[9] 黄明辉．古代埃及农业水利灌溉探析［J］．史志学刊，2015（03）：23-26.

[10] 李玉香．古代埃及的水利灌溉［D］．长春：吉林大学，2007.

[11] 谭徐明．从历史，当代，未来中追寻水利的真谛［J］．中国水利水电科学研究院学报，2008.

[12] 郑肇经．中国水利史［M］．上海：上海书店，1984.

[13] 姚汉源．中国水利发展史［M］．上海：上海人民出版社，2005.

[14] 龙仕平．从《说文·水部》看我国古代水利之兴替［J］．江西科技师范学院学报，2006.

[15] 张宇辉．《水经注》与山西古代水利工程［J］．山西水利，2001.

[16] 王经国．值得一读的地方水利史著作——《晋水春秋——山西水利史述略》读后感［J］．山西水利，2010.

[17] 卞鸿翔．湖南古代水利初探［J］．农业考古，1995.

[18] 郄婷．民国时期陕西农田水利研究［D］．西安：陕西师范大学，2017.

[19] 沈德富．清代贵州农田水利研究［D］．昆明：云南大学，2012.

[20] 岳云霄．民国时期陕西农田水利研究［D］．上海：复旦大学，2013.

[21] 李放．江西古代水利史概略［J］．南方文物，1990.

[22] 魏佐国．明代江西水利建设浅论［J］．南方文物，2006.

[23] 施由民．明清时期江西水利建设的发展［J］．古今农业，1994.

[24] 刘颖，王姣，钟夔，等．治水与鄱阳湖流域经济的历史嬗变［J］．江西水利科技，2018.

[25] 王培君．古代水利工程价值及其当代启示［J］．华北水利水电学院学报：社会科学版，2012.

[26] 吴楠．古代水利工程蕴含深厚文化价值［N］．北京：中国社会科学报，2016-09-07（002）.

[27] 叶迂春，张骅．郑国渠的作用历史演变与现存文物［J］．文博，1990.

[28] 姚汉源. 京杭大运河史 [M]. 北京：中国水利水电出版社，1998.

[29] 俞孔坚，李迪华，李伟. 京杭大运河的完全价值观 [J]. 地理科学进展，2008.

[30] 张廷皓，于冰. 大运河遗产中的工程哲学与工程价值 [J]. 2013 年中国水利学会水利史研究会学术年会暨中国大运河水利遗产保护与利用战略论坛论文集，2013.

[31] 李约瑟. 中国科学技术史 [M]. 鲍国宝，等译. 北京：科学出版社、上海：上海古籍出版社，1999.

[32] 李云鹏，谭徐明，周长海，等. 浙江诸暨桔槔井灌工程遗产及其价值研究 [J]. 中国水利水电科学研究院学报，2016.

[33] “江西水利志”编撰委员会. 江西省水利志 [M]. 南昌：江西科学技术出版社，1995.

[34] 槎滩碉石二陂山田记 [Z].

[35] 衷海燕，唐元平. 陂堰、乡族与国家——以泰和县槎滩、碉石陂为中心 [J]. 农业考古，2005.

[36] 廖艳彬. 江西泰和县槎滩陂水利与地方社会 [D]. 南昌：南昌大学，2005.

[37] 廖艳彬，田野. 泰和县槎滩陂水利文化遗产价值及其保护开发 [J]. 南昌工程学院学报，2016.

[38] 黄细嘉，李凉. 江西泰和槎滩陂水利工程遗产价值研究 [J]. 南方文物，2017.

[39] 陈芳，刘颖，钟燮，等. 槎滩陂古代灌溉工程价值剖析及对当代的启示 [J]. 中国农村水利水电，2018.

[40] 刘颖，方少文，钟燮，等. 江西省泰和县槎滩陂水利工程的科学内涵探索 [J]. 江西水利科技，2016.

[41] Flink C A, Searns R M. Greenways [M]. Washington: Island Press, 1993.

[42] Tuxill J, Mitchell N, Huffman P, et al. Reflecting on the Past, Looking to the Future: Sustainability Study Report [R]. Woodstock, VT: USNPS Conservation Study Institute, 2005.

[43] 朱强，李伟．遗产区域：一种大尺度文化景观保护的新方法 [J]. 中国人口·资源与环境，2007.

[44] Eugster, J. Evolution of the Heritage Areas Movement [J]. The George Wright Forum, 2003.

[45] Ligibel · Theodore J. The Maumee Valley Heritage Corridor as a Model of the Cultural Morphology of the Historic Preservation Movement [D]. Bowling Green : Bowling Green State University, 1995.

[46] The European Association of Historic Towns and Region. The Road to Success' Integrated Management of Historic Towns Guide Book [Z]. 2011.

[47] Roberts and Todd. Schuylkill River National & State Heritage Area Final Management Plan and Environmental Impacts Statement [R]. 2003.

[48] 孙颖，黄文杰．美国跨流域调水工程的供水管理问题 [J]. 第二届全国水力学与水利信息学学术大会论文集，2005.

[49] 许红波，祁建华．美国的水利管理 [J]. 中国水利，1996.

[50] 王英华，吕娟．美国垦务局文化资源管理模式对我国水文化遗产保护与利用的启示 [J]. 水利学报，2013.

[51] 周珊．加拿大里多运河的保护 [J]. 城市时代，协同规划——2013中国城市规划年会论文集，2013.

[52] 张广汉．加拿大里多运河的保护与管理 [J]. 中国名城，2008.

[53] 赵科科，孙文浩．英国庞特基西斯特水道桥与运河的保护与管理［J］．水利发展研究，2010.
[54] 高朝飞，奚雪松，王英华．英国庞特基西斯特水道桥与运河的遗产保护与利用途径［J］．国际城市规划，2017.
[55] 万婷婷，王元．法国米迪运河遗产保护管理解析——兼论中国大运河申遗与保护管理的几点建议［J］．中国名城，2011.
[56] 谭徐明．水文化遗产的定义、特点、类型与价值阐释［J］．中国水利，2012.
[57] 刘延恺，谭徐明．水利文化遗产现状及保护的思考［J］．北京水务，2011.
[58] 吴志标．从通济堰看古代水利工程的保护与利用［J］．中国文物科学研究，2009.
[59] 谢三桃，王国汉，吴若静，等．安丰塘水利文化遗产的保护与利用策略［J］．水利规划与设计，2015.
[60] 崔洁．我国水利文化遗产保护与开发策略研究［J］．河北水利，2015.
[61] 贲婷华．以水利遗迹保护促进东台水文化传承之浅见［J］．江苏水利，2016.
[62] 李倩，祁小东．清口水利枢纽遗址考古与保护利用［J］．淮阴师范学院学报：哲学社会科学版，2016.
[63] 李云鹏，吕娟，万金红，等．中国大运河水利遗产现状调查及保护策略探讨［J］．水利学报，2016.
[64] 肉克亚古丽·马合木提．吐鲁番坎儿井保护研究［D］．上海：复旦大学，2013.
[65] 钟燮．江西省泰和县槎滩陂水利遗产的保护与利用研究［D］．南昌：

江西农业大学，2016.

[66] 王姣，刘颖，彭圣军，钟燮．江西省在用古代水利工程概况及保护现状［J］．江西水利科技，2019.

[67] 赵雪飞，戴昊，张建，等．水利工程遗产保护策略探讨［J］．东北水利水电，2017.

[68] 汪健，陆一奇．我国水文化遗产价值与保护开发刍议［J］．水利发展研究，2012.

[69] 汪健．我国水利文化旅游发展现状与对策探讨［J］．中国水利，2011.

[70] 周波．浅论水利风景区水文化遗产的分类保护利用方法［J］．中国水利，2013.

[71] 周波，谭徐明，王茂林．水利风景区水文化遗产保护利用现状，问题及对策［J］．水利发展研究，2013.

[72] 里昂，王思思，吴文洪，等．海绵城市建设中水文化遗产保护策略研究［J］．人民长江，2018.

[73] 谭徐明，于冰，王英华，等．京杭大运河遗产的特性与核心构成［J］．水利学报，2009.

[74] 吕娟，李云鹏．大运河水利遗产现状问题及保护策略探讨［J］．2013年中国水利学会水利史研究会学术年会暨中国大运河水利遗产保护与利用战略论坛论文集，2013.

[75] 刘建刚，谭徐明，邓俊，等．大运河遗产水利专项规划的保护与利用策略［J］．中国水利，2012.

[76] 龚道德，张青萍．美国国家遗产廊道的动态管理对中国大运河保护与管理的启示［J］．中国园林，2015.

[77] 龚道德，袁晓园，张青萍．美国运河国家遗产廊道模式运作机理剖

析及其对我国大型线性文化遗产保护与发展的启示［J］. 城市发展研究，2016.
［78］王姣，刘颖，钟夔，彭圣军. 浅谈江西省古代水利工程的保护策略研究的意义［M］. 创新时代的水库大坝安全和生态保护［C］中国大坝工程学会2017学术年会论文集. 郑州：黄河水利出版社，2017.
［79］王姣，刘颖，虞慧，熊威. 浅析国内外在用古代水利工程的保护机制［J］. 江西水利科技，2019.
［80］严文明，彭适凡. 仙人洞与吊桶环——华南史前考古的重大发现［N］. 中国文物报，2000-07-05.
［81］熊晶，郑晓云. 水文化与水环境保护研究文集［M］. 北京：中国书籍出版社，2008.
［82］黄怀信. 逸周书源流考辨［M］. 西安：西北大学出版社，1992.
［83］左丘明. 国语·楚语上［M］. 北京：中华书局，2002.
［84］司马迁. 史记［M］. 北京：中华书局，2002.
［85］黎翔凤. 管子校注［M］. 北京：中华书局，2004.
［86］（刘宋）范晔. 《后汉书》卷五［M］. 浙江古籍出版社，1998.
［87］唐长孺. 中国通史参考资料［M］. 北京：中华书局，1979.
［88］（北魏）郦道元. 水经注·卷三十九［M］. 上海：上海人民出版社，1984.
［89］班固. 汉书·沟洫志［M］. 北京：中华书局，1985.
［90］高汝东. 汉代救灾思想研究［D］. 山东大学，2005.
［91］王象之. 舆地纪胜［M］. 成都：四川大学出版社，2005.
［92］乐史. 太平寰宇记［M］. 北京：中华书局，2008.
［93］（宋）欧阳修、宋祁. 新唐书·卷五十三［M］. 北京：中华书局，1975.

[94]（清）董诰等．全唐文·卷六百八十六［M］．北京：中华书局，1982.
[95]（清）董诰等．全唐文·卷八百一十九［M］．北京：中华书局，1982.
[96]（宋）范成大．骖鸾录［M］．北京：商务印书馆，1936.
[97] 谢旻．江西通志［M］．江西省博物馆，1985.
[98] 欧阳修，宋祁．新唐书·地理志［M］．北京：中华书局，1975.
[99] 欧阳修，宋祁．新唐书·韦丹传［M］．北京：中华书局，1975.
[100] 徐链．袁州府志［M］．台湾：成文出版社，1964.
[101]（宋）王安石．《临川文集》．文渊阁四库全书，第 1105 册.
[102] 正德《南康府志》，卷六，《名宦·吕明》，据天一阁刻本影印.
[103] 正德《南康府志》，卷六，《名宦·陈元宗》，据天一阁刻本影印.
[104]（清）张廷玉等．《清朝文献通考》卷 19，《户口》一.
[105]（明）戴金 奉敕．《皇明条法事类纂》上卷“禁约侵占田产例”.
[106] 道光《余干县志》卷十九，李光元《直指田公捐金筑堤碑记》.
[107] 许怀林．明清鄱阳湖区的圩堤围垦事业［J］．农业考古，1990.
[108] 许怀林．江西史稿［M］．南昌：江西高校出版社，1993 .
[109]（清）卞宝弟．《闽峤蝤轩录》卷二.
[110] 铅山县志编辑委员会．铅山县志［M］．海口：南海出版社，1990.
[111] 康河．赣州府志［M］．南昌：江西人民出版社，2019.
[112] 白潢．西江志［M］．台湾：成文出版社，1989.
[113]（明）陈敏政《紫阳堤记》.
[114] 丰城县志编撰委员会．丰城县志［M］．上海：上海出版社，1989.
[115]（光绪）《江西通志水利一》卷 62.
[116] 南昌县志编撰委员会．南昌县志［M］．北京：方志出版社，2006.
[117]（明）万恭，牛尾闸碑.
[118] 沈兴敬．江西内河航运史（古、近代部分）［M］．北京：人民交通

出版社，1991.

［119］陈振．宋史［M］．北京：中华书局，1985.

［120］（光绪）《江西通志水利二》卷 63.

［121］（清）李祖陶，《东南水患论》皇朝经世文续编，卷 93.

［122］谭鸿基．《建昌县乡土志实业志》卷 12.

［123］（同治）《南康府志物产》卷 4.

［124］（清）易平《重浚蓼花池议》江西官报，光绪三十年，第 16 期.

［125］单霁翔．从“文物保护”走向“文化遗产保护”［M］．天津：天津大学出版社，2008.

［126］张茜．南水北调工程影响下京杭大运河文化景观遗产保护策略研究［D］．天津：天津大学，2014.

［127］唐剑波．中国大运河与加拿大里多运河对比研究［J］．中国名城，2011.

［128］张开勇．从都江堰演变历史看其发展与保护——变化与永恒［J］．《中国水利》，2014.

［129］郭文娟．京杭大运河济宁段文化遗产构成和保护研究［D］．济南：山东大学，2014.

［130］乔娜．清口枢纽水工遗产保护研究［D］．西安：西安建筑科技大学，2012.

［131］李树全．通济堰灌溉管理的系统分析［J］．四川水利，1995.

［132］李可可，张巧玲．我国水利博物馆建设的基本理论问题［J］．中国水利，2012.

［133］谌洁．我国水利博物馆的初步研究［J］．水利发展研究，2011.

［134］张彧．数字博物馆现状及未来发展趋势分析［J］．信息化建设，2016.

[135] 王耀婍．国内外数字博物馆比对研究［J］．现代装饰（理论），2015.

[136] 杨超．构建景德镇数字陶瓷博物馆的研究实践［J］．中国陶瓷，2015.

[137] 王姣，刘颖，彭圣军，等．基于三维建模技术的槎滩陂水利工程数字保护研究［J］．江西水利科技，2018.

[138] 吴佶．同里古镇历史建筑调研分析及保护策略——以三桥历史文化街区为研究范围［D］．苏州：苏州大学，2015.

[139] 翟小昀．借鉴国外经验研究探讨我国古建筑保护及维护［D］．青岛：青岛理工大学，2013.

[140] 刘晓星．绍兴市古代水利建设与地区景观发展初探［D］．北京：北京林业大学，2012.

[141] 刘建刚，谭徐明，邓俊，等．大运河遗产水利专项规划的保护与利用策略［J］．中国水利，2012.

[142] 周波，谭徐明，王茂林．水利风景区水文化遗产保护利用现状，问题及对策［J］．水利发展研究，2013.

[143] 赵雪飞，戴昊，张建，等．水利工程遗产保护策略探讨［J］．东北水利水电，2017.

[144] 安静．浅谈如何打造文物保护标准体系［J］．才智，2015.

[145] 史晓新，朱党生，张建永，等．我国水利工程生态保护技术标准体系构想［J］．人民黄河，2010.

[146] 张念强，谭徐明，王英华，等．京杭运河古代水利工程的综合价值评估研究［J］．中国水利水电科学研究院学报，2012.

[147] 万金红．浙东古海塘的保护与管理策略［J］．中国水利，2017.

[148] 涂师平．新时期治水理念与浙江水文化遗产的保护利用［J］．华北

水利水电学院学报：社会科学版，2014.
［149］王建明，王树斌，陈仕品．基于数字技术的非物质文化遗产保护策略研究［J］．软件导刊，2011.
［150］林奕霖，黄本胜，陈亮雄，等．基于微信公众平台的水利工程监管技术研究［J］．人民长江，2018.
［151］《泰和周氏爵誉族谱》.
［152］《泰和县槎滩陂志》.
［153］《重修槎滩、碉石二陂志》民国 27 年.
［154］陈桃金，刘维，赖格英，等．江西崇义客家梯田的起源与演变研究［J］．江西科学，2017.
［155］杨波，闵庆文，刘春香．江西崇义客家梯田系统［M］．北京：中国农业出版社，2017.
［156］缪建群，杨文亭，杨滨娟，等．崇义客家梯田区生态系统服务功能及价值评估［J］．自然资源学报，2016.
［157］缪建群，王志强，杨文亭，等．崇义客家梯田生态系统服务功能［J］．应用生态学报，2017.
［158］缪建群，王志强，马艳芹，等．崇义客家梯田生态系统可持续发展综合评价［J］．生态学报，2018.
［159］马艳芹，钱晨晨，孙丹平，等．崇义客家梯田传统农耕知识，技术调查与研究［J］．中国农学通报，2017.
［160］陈桃金．崇义客家梯田系统景观空间格局研究［D］．南昌：江西师范大学，2017.
［161］缪建群，王志强，杨文亭，等．崇义客家梯田生态系统发展现状，存在的问题及对策［J］．生态科学，2018.
［162］马岑晔．哈尼族梯田灌溉管理系统探析［J］．红河学院学报，2009.

[163] 余新晓，史宇，王何俊，等．森林生态系统水文过程与功能［M］．北京：科学出版社，2013.

[164] 刘卉芳，张学俭，王昭艳，刘乔木．南方亚高山古梯田的水土保持机理及其保护措施研究［J］．泥沙研究，2017.

[165] 杨滨娟，邓丽萍，王礼献，等．江西崇义客家梯田农业生态保护的关键问题与途径［J］．农学学报，2016.

[166] 杨艳，马建武．云南哈尼族箐口村水资源利用的启示［J］．包装世界，2017.

[167] 张爱梅．简析农田水利工程与生态系统的关系影响与协调发展［J］．河南水利与南水北调，2014.

[168] 李含琳．我国山地农村实施梯田改造升级工程的可行性分析——以甘肃省的情况分析为基础［J］．天水行政学院学报，2016.

[169] 王炜．环境史视野下的传统农田水利建设研究［D］．南京：南京农业大学，2011.